高等职业教育校企合作系列教材·大数据技术与应用专业

U0183912

数据库技术案例教程
——从MySQL到MongoDB

方一新 朱 东 王 喜 主编

中国铁道出版社有限公司
CHINA RAILWAY PUBLISHING HOUSE CO., LTD.

内 容 简 介

当前以云计算、大数据、物联网为代表的新一代信息技术正在向制造业加速渗透融合。高等教育信息技术专业人才培养只有面向产业，才能为产业发展提供强有力的人才支撑。本书选择新能源汽车监测应用作为载体，通过一系列典型案例将数据库技术基础和核心知识蕴含其中。本书首先介绍数据库技术基础以及应用场景，然后结合项目案例的实际需要，从关系型数据库 MySQL 自然过渡到非关系型数据库 MongoDB。

本书共 14 个单元。

第一部分为数据库基础（第 1 单元），主要讲解数据库的起源与发展，以及数据库基础知识。

第二部分为关系型数据库（第 2～9 单元），主要介绍 MySQL 数据库的基本操作、数据表的基本操作、数据查询与更新、视图、索引与优化、数据库编程，以及备份与恢复。

第三部分为非关系型数据库（第 10～14 单元），着重介绍 MongoDB 的使用，包含集合与文档、查询文档、聚合查询，以及索引与优化。

本书涵盖数据库技术基础、关系型数据库 MySQL 的使用、非关系型数据库 MongoDB 的使用，适合作为高职院校计算机专业的数据库课程教材，也可作为数据库技术爱好者的参考用书。

图书在版编目（CIP）数据

数据库技术案例教程：从 MySQL 到 MongoDB/ 方一新，朱东，王喜主编 . —北京：中国铁道出版社有限公司，2020.8（2022.1重印）
高等职业教育校企合作系列教材．大数据技术与应用专业
ISBN 978-7-113-27138-1

Ⅰ．①数… Ⅱ．①方… ②朱… ③王… Ⅲ．①关系数据库系统 -
高等职业教育 - 教材 Ⅳ．① TP311.132.3

中国版本图书馆 CIP 数据核字(2020)第142470 号

书　　名：数据库技术案例教程——从 MySQL 到 MongoDB
作　　者：方一新　朱　东　王　喜

策　　划：翟玉峰　　　　　　　　　　　　编辑部电话：(010) 83517321
责任编辑：翟玉峰　徐盼欣
封面设计：郑春鹏
责任校对：张玉华
责任印制：樊启鹏

出版发行：中国铁道出版社有限公司（100054，北京市西城区右安门西街 8 号）
网　　址：http://www.tdpress.com/51eds/
印　　刷：三河市航远印刷有限公司
版　　次：2020 年 8 月第 1 版　2022 年 1 月第 2 次印刷
开　　本：787 mm×1 092 mm　1/16　印张：15.25　字数：345 千
书　　号：ISBN 978-7-113-27138-1
定　　价：45.00 元

前 言

　　数据库技术课程是软件技术等计算机相关专业的核心基础课程，如何将数据库技术的相关内容有机组合起来，让学生在学习过程中能够扎实掌握基本的数据库原理，能够熟练地操作数据库管理系统，并且能够激发学生的热情和动力，体会到学习的乐趣，是本书重点关注的内容。

1. 结构

　　本书采用模块化的编写思路，共分为 14 个单元和 45 个任务。全书学习内容分成三部分：数据库基础、关系型数据库和非关系型数据库。

■ （1）数据库基础

　　单元 1：介绍数据库的基本概念、数据库技术的发展过程、根据需求绘制 E-R 图，以及将 E-R 图转换为关系模式。

■ （2）关系型数据库

　　单元 2：介绍 MySQL 开发环境的搭建，以及数据库的创建与管理。

　　单元 3：数据表是数据库的核心内容，本单元主要介绍在 MySQL 数据库管理系统中创建数据表、为表中字段设置合适的数据类型，以及各种约束条件。

　　单元 4、5：查询和更新是数据库最常用的操作，也是数据库学习的核心内容，这两个单元介绍如何对表中数据进行增删改操作，对数据表进行各种条件查询、连接查询、嵌套查询等，以及对表中数据进行统计分析。

　　单元 6 ~ 8：这 3 个单元主要介绍如何对数据库中各种操作进行封装以及优化，提高数据库的使用效率。

　　单元 9：数据库在使用过程中难免会出现各种不可控因素，本单元介绍备份和恢复，以在实际使用数据库时保证数据的安全。

■ （3）非关系型数据库

　　单元 10：非关系型数据库与传统关系型数据库在设计理念、使用方式上有很大区别，本单元主要介绍非关系型数据库的基本概念，以及 MongoDB 的安装和配置。

　　单元 11：文档与集合是 MongoDB 的核心内容，所有数据都是通过文档与集合存储的，本单元介绍文档与集合的使用。

　　单元 12、13：这两个单元介绍集合中数据的查询、聚合统计等非关系型数据库最常用的操作，以及非关系型数据库的很多优点。

单元 14：本单元介绍索引和优化，这是提高 MongoDB 性能的重要方式。

2. 使用

本书的参考学时为 92 学时，建议采用理论实践一体化教学模式，教学单元与学时安排如下：

单 元	单 元 名 称	学 时 安 排
单元 1	认识数据库	8
单元 2	数据库的基本操作	8
单元 3	数据表的基本操作	8
单元 4	数据查询	14
单元 5	数据更新	10
单元 6	视图	6
单元 7	MySQL 索引与优化	4
单元 8	数据库编程	10
单元 9	MySQL 备份与恢复	4
单元 10	MongoDB 入门	4
单元 11	文档与集合	4
单元 12	查询文档	4
单元 13	聚合查询	4
单元 14	MongoDB 索引与优化	4
课时总计		92

本书提供了所有案例的源代码，以方便学生更好地完成数据库的学习，从而更有效地提高学生的学习积极性和学习效果。本书配套的资源包、运行脚本、教学课件等，可登录 http://www.1daoyun.com 进行下载。

本书适合作为高职院校计算机专业的数据库课程教材，也可作为数据库技术爱好者的参考用书。

本书由方一新、朱东、王喜任主编，由盛永华、刘文军、雷晖任副主编，并联合江苏一道云科技发展有限公司共同编写而成。

本书在编写过程中力求内容准确、完善，但限于编者水平及时间，书中不妥或疏漏之处在所难免，殷切希望广大读者批评指正。

编　　者

2020 年 3 月

目 录

单元 1
认识数据库

在日常工作和生活中，很多时候都会用到数据库。在网页上浏览新闻，通过电子邮箱收发邮件，通过手机银行转账等操作都是在和数据库打交道。数据库是一个存储数据的仓库，为了方便数据的存储和管理，将数据按照特定的规则存储在磁盘上，通过数据库管理系统有效地组织和管理数据库中的数据。目前，市场上已经有很多优秀的数据库管理系统，比如关系型的 Oracle、MySQL、SQL Server 等，以及非关系型的 MongoDB、HBase 等。

▮ 学习目标

【知识目标】
- 了解数据库的起源与发展。
- 了解常用的关系型与非关系型数据库产品。
- 掌握数据库基础知识。

【能力目标】
- 能绘制 E–R 图。
- 能将 E–R 图转换成关系模式。

▮ 任务 1.1　数据库的起源与发展

任务描述

数据库技术是从 20 世纪中叶开始兴起的一门信息管理学科，是计算机科学中非常重要的一个分支。随着计算机应用的飞速发展，数据处理越来越占主导地位，数据库技术的应用也越来越广泛。数据管理是数据库最核心的任务，主要内容包括数据的分类、组织、编码、存储、查询和维护。从数据管理的角度看，数据库技术到目前共经历了 3 个阶段，分别是人工管理阶段、文件系统阶段和数据库系统阶段。

视频

任务 1.1　数据库的起源与发展

技术要点

1. 数据库的发展史

（1）人工管理阶段

人工管理阶段是在 20 世纪 50 年代，当时计算机的主要用途是科学计算，从硬件看，没有磁盘等存储设备；从软件看，没有操作系统，更没有管理数据的应用软件，应用程序管理数据，数据不共享，没有独立性。

在人工管理阶段（见图1-1），数据管理的特点如下：

① 数据不长期保存在计算机中。

② 没有对数据进行统一管理的软件系统。

③ 数据是面向程序的，一组数据只对应一个应用程序，数据不能共享，程序之间存在大量重复数据。

图1-1　人工管理阶段

（2）文件系统阶段

文件系统阶段是从20世纪50年代到60年代中期，这一阶段计算机不仅应用于科学计算，还大量应用于信息管理，计算机硬件有了磁盘等外存设备。

文件系统阶段与人工管理阶段相比有了很大进步，但是数据仍然大量冗余，数据之间的联系也比较弱，如图1-2所示。

图1-2　文件系统阶段

在文件系统阶段，数据管理的特点如下：

① 数据可以长期保存在计算机的外存设备上。

② 数据由专门的数据管理软件——文件系统进行统一管理。

③ 数据与程序间有一定的独立性，数据可以共享。

随着数据管理规模的扩大，数据量急剧增加，文件系统逐渐暴露出一些问题：

① 数据冗余度大。

② 数据独立性低。

③ 数据一致性差。

（3）数据库系统阶段

数据库系统阶段是从20世纪60年代至今，这一时期由于计算机技术的迅速发展，磁盘存储技术取得重大进展，计算机被广泛应用于管理中。大容量和快速存取的磁盘技术为数据库技术的发展提供了非常好的条件，数据库系统阶段如图1-3所示。

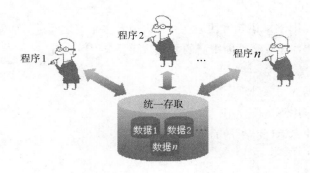

图1-3　数据库系统阶段

在数据库系统阶段，数据管理的特点如下：

① 数据结构化。

② 数据独立性高。

③ 数据共享性高、冗余度低。

④ 具有统一的数据管理和控制功能。

数据库系统的出现使信息系统从以加工数据的程序为中心，转向以共享数据库为中心。这样既便于数据的集中管理，又有利于应用程序的开发和维护，提高了数据的利用率和相容性，提高了决策的可靠性。

数据库技术发展三个阶段的特点比较如表1-1所示。

表 1-1　数据库技术发展三个阶段的特点比较

比较项目	人 工 管 理	文 件 系 统	数 据 库 系 统
硬件技术	无存储设备	小容量磁盘	大容量磁盘
软件技术	无操作系统	文件系统	数据库管理系统
应用目的	科学计算	科学计算、数据管理	大规模数据管理
数据处理	批处理	联机实时处理、批处理	批处理、联机实时处理、分布处理
面向对象	特定应用程序	特定应用程序	多个应用程序
共享	无共享	共享性差、冗余大	共享大、冗余低
独立性	依赖于程序	独立性差	高度独立
结构化	无结构	记录内有结构，整体无	整体结构化，用数据模型描述
数据控制	应用程序控制	应用程序控制	数据库管理系统控制

2. 数据库应用

工作中使用的大部分软件都是需要用数据库在后台存储数据的，比如，电商平台需要存储客户信息、商品信息、订单信息等；汽车监控平台需要存储汽车位置信息、车辆状态信息等。数据库根据其数据的存储方式可以分为关系型数据库和非关系型数据库。

（1）关系型数据库的特点及其使用场景

关系型数据库的优点：

① 复杂查询：可以用 SQL 语句方便地在一个表以及多个表之间进行非常复杂的数据查询。

② 事务支持：使得对于安全性能很高的数据访问要求得以实现。

关系型数据库的缺点：

③ 不擅长大量数据的写入处理。

④ 字段不固定时应用不方便。

⑤ 不擅长对需要快速返回结果的简单查询进行处理。

关系型数据库的使用场景：

① 需要做复杂处理的数据。

② 数据量不是特别大的数据。

③ 对安全性要求高的数据。

④ 数据格式单一的数据。

（2）非关系型数据库的特点及其使用场景

非关系型数据库的优点：

① 简单易部署，基本都是开源软件，不需要像使用 Oracle、SQL Server 那样花费成本购买使用。

② 非关系型数据库将数据存储于缓存之中，而非像关系型数据库一样将数据存储在硬盘中，因此查询速度远优于关系型数据库。

③ 非关系型的存储格式可以是键值对，也可以是文档形式、图片形式等，所以可以存储基础类型以及对象或者集合等各种格式，而关系型数据库则只支持基础类型。

④ 各个数据都是独立设计的，很容易把数据分散在多个服务器上，故减少了每个服务器上的数据量，即使要处理大量数据的写入，也变得更加容易，数据的读入操作当然也同样容易。

非关系型数据库的缺点：

① 无法对表进行复杂的计算。

② 不支持连接等功能。

非关系型数据库的使用场景：

① 大容量数据存储。

② 格式多样的数据存储。

③ 擅长处理查询速度要求快的数据存储。

3. 常见的数据库管理系统

常见的关系型数据库有 Oracle、SQL Server、MySQL 等。常见的非关系性数据库有 MongoDB、HBase 等，如图 1-4 所示。

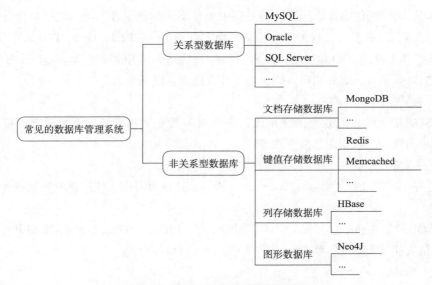

图1-4　常见的数据库管理系统

（1）MySQL

MySQL是用户非常多的一种关系型数据库管理系统，如图1-5所示。由于其体积小、速度快、总体拥有成本低，且开放源码，一般中小型企业经常会选择MySQL作为系统后台数据库。其具有卓越的性能，搭配PHP和Apache可组成良好的开发环境。

图1-5　MySQL

MySQL的优点：

① 体积小、速度快、总体拥有成本低。

② 支持多种操作系统。

③ 是开源数据库，提供用于C、C++、Java、PHP、Python的接口，支持多种语言连接操作。

④ MySQL的核心程序采用完全的多线程编程。线程是轻量级的进程，它可以灵活地为用户提供服务，而不过多占用系统资源。

⑤ MySQL有一个非常灵活而且安全的权限和密码系统。当客户与MySQL服务器连接时，之间所有的密码传送被加密，而且MySQL支持主机认证。

⑥ 支持大型的数据库，可以方便地支持具有上千万条记录的数据库，并可以针对不同的应用进行相应修改。

⑦ 拥有非常快速而且稳定的基于线程的内存分配系统，可以持续使用且不必担心其稳定性。

⑧ MySQL 同时提供高度多样性，能够提供很多不同的使用者界面，包括命令行客户端操作、网页浏览器，以及各式各样的程序语言界面，例如 C++、Perl、Java、PHP，以及 Python。用户可以使用事先包装好的客户端，或者自己编写合适的应用程序。MySQL 可用于 UNIX、Windows、OS/2 等平台，因此它可以用于个人计算机或者服务器。

MySQL 的缺点：

① MySQL 最大的缺点是其安全系统，主要因为其安全系统复杂而非标准，且只有调用 mysqladmin 来重读用户权限时才发生改变。

② 不支持热备份。

③ 没有一种存储过程（Stored Procedure）语言，这是对习惯于使用企业级数据库的程序员的最大限制。

④ MySQL 的价格随平台和安装方式不同而变化。Linux、UNIX 的 MySQL 如果由用户自己或系统管理员安装是免费的，如果由第三方安装则必须付许可费。

（2）SQL Server

SQL Server 是一种典型的关系型数据库管理系统，如图 1-6 所示。它最初是由 Microsoft、Sybase 和 Ashton-Tate 这 3 家公司共同开发的，于 1988 年推出第一个 OS/2 版本，使用 Transact-SQL 语言完成数据操作。它具有可靠性、可伸缩性、可用性、可管理性等特点，能够为用户提供完整的数据库解决方案。

图 1-6　SQL Server

SQL Server 的优点：

① 为数据管理与分析带来了灵活性，允许单位在快速变化的环境中从容响应，从而获得竞争优势。

② 从数据管理和分析角度看，SQL Server 能够帮助将原始数据转化为商业智能和充分利用 Web 带来的机会。

③ 作为一个完备的数据库和数据分析包，SQL Server 为快速开发新一代企业级商业应用程序、为企业赢得核心竞争优势提供了方便。

④ 支持 Web 应用，提供了对可扩展标记语言（XML）的核心支持以及在 Internet 上和防火墙外进行查询的能力。

SQL Server 的缺点：

① SQL Server 只能在 Windows 上运行，开放性差。

② 并行实施和共存模型并不成熟，难以处理日益增多的用户数和数据卷，伸缩性有限。

③ 只支持C/S模式，SQL Server C/S结构只支持Windows客户用ADO、DAO、OLEDB、ODBC连接。

（3）Oracle

Oracle是一个最早商品化的关系型数据库管理系统，也是应用广泛、功能强大的数据库管理系统，如图1-7所示。Oracle作为一个通用的数据库管理系统，不仅具有完整的数据管理功能，而且是一个分布式数据库系统，支持各种分布式功能，特别是支持Internet应用。作为一个应用开发环境，Oracle提供了一套界面友好、功能齐全的数据库开发工具。Oracle使用PL/SQL语言执行各种操作，具有可开放性、可移植性、可伸缩性等功能。Oracle数据库是目前世界上使用最为广泛的数据库管理系统。作为一个通用的数据库系统，它具有完整的数据管理功能；作为一个关系数据库，它是一个完备关系的产品；作为分布式数据库，它实现了分布式处理功能。

图1-7　Oracle

Oracle的优点：

① 支持所有主流运行平台（包括Windows），对所有工业标准采用完全开放策略，让客户选择适合的解决方案，对开发商全力支持。

② 提供高可用性和高伸缩性簇解决方案，对各种UNIX平台集群机制都有相当高的集成度。

③ 获得最高认证级别的ISO标准认证。

④ 多层次网络计算支持多种工业标准用ODBC、JDBC、OCI等网络客户连接。

⑤ 完全向下兼容。

Oracle的缺点：

① 对硬件的要求高。

② 价格比较昂贵。

③ 管理维护麻烦一些。

④ 操作比较复杂，技术含量较高。

（4）MongoDB

MongoDB是一个基于分布式文件存储的数据库，如图1-8所示。其由 C++ 语言编写，旨在为Web应用提供可扩展的高性能数据存储解决方案。MongoDB是一个介于关系数据库和非关系数据库之间的产品，是非关系数据库当中功能最丰富、最像关系数据库的产品。

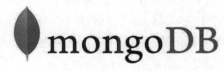

图1-8　MongoDB

MongoDB的优点：

① 弱一致性（最终一致），以保证用户的访问速度。

② 文档结构的存储方式，能够便捷地获取数据。对于一个层级式的数据结构来说，如果使用扁平式的、表状的结构保存数据，那么无论是查询还是获取数据都会十分困难。

③ 内置 GridFS，支持大容量的存储。GridFS 是一个出色的分布式文件系统，可以支持海量的数据存储。

④ 内置 Sharding。

⑤ 提供基于 Range 的 Auto Sharding 机制：一个 collection 可按照记录的范围，分成若干段，切分到不同的 Shard 上。

⑥ 第三方支持丰富。MongoDB 背后有商业公司 10gen 为其提供商业培训和支持，而且 MongoDB 社区非常活跃，很多开发框架都提供了对 MongoDB 的支持。不少知名大公司和网站也在生产环境中使用 MongoDB，越来越多的创新型企业转而使用 MongoDB 作为和 Django、RoR 搭配的技术方案。

⑦ 查询与索引方式灵活，查询性能、写入性能非常好，对 CPU 资源占用少。

MongoDB 的缺点：

① 不支持事务操作。

② 在集群分片中的数据分布不均匀。

③ 单机可靠性比较差。

④ 磁盘空间占用比较大。

（5）HBase

HBase 是一个分布式的、面向列的开源数据库，如图 1-9 所示。其技术来源于 Fay Chang 所撰写的 Google 论文《Bigtable：一个结构化数据的分布式存储系统》。就像 Bigtable 利用了 Google 文件系统（File System）所提供的分布式数据存储一样，HBase 在 Hadoop 之上提供了类似于 Bigtable 的能力。

图 1-9 HBase

HBase 的优点：

① 半结构化或非结构化数据，HBase 适用于数据结构字段不够确定或杂乱无章，非常难按一个概念进行抽取的数据，因为 HBase 支持动态添加列。

② 记录很稀疏，RDBMS 有多少列是固定的，为 null 的列浪费了存储空间。HBase 中为 null 的 Column 不会被存储，既节省了空间又提高了读性能。

③ 多版本号数据：依据 Row key 和 Column key 定位到的 Value 能够有随意数量的版本号值，因此对于需要存储变动历史记录的数据，用 HBase 是很方便的。

④ 仅要求最终一致性，对于数据存储事务的要求不像金融行业和财务系统那么高，只要保证最终一致性即可。

⑤ 高可用和海量数据以及很大的瞬间写入量：WAL 解决高可用，支持 PB 级数据，put 性

能高。

HBase 的缺点：

① 单一 Row key 固有的局限性，决定了它不可能有效地支持多条件查询。

② 不适合于大范围扫描查询。

③ 不直接支持 SQL 的语句查询。

4. 数据库管理工具

管理数据库的工具很多，好的数据库管理工具可以让用户降低开发成本，提高开发效率，比如 Navicat for MySQL、Robo 3T。

（1）Navicat for MySQL

Navicat for MySQL 是一款强大的 MySQL 数据库管理和开发工具，如图 1-10 所示，它为专业开发者提供了一套强大的工具。Navicat for MySQL 基于 Windows 平台，为 MySQL 量身定做，能够降低开发成本，为用户带来更高的开发效率。

（2）Robo 3T

Robo 3T 是支持 Windows、Mac、Linux 三个平台的非关系型数据库 MongoDB 可视化管理工具，如图 1-11 所示。Robo 3T 操作简单且占用资源少，非常受欢迎。

图1-10　Navicat for MySQL

图1-11　Robo 3T

5. 如何学习数据库

数据库技术的学习是一个由浅入深、不断动手实践的过程。

对于关系型数据库 MySQL 来说，首先要学习 MySQL 的安装与配置，其次是数据库和数据表的创建与管理，再次是数据查询，最后是一些高级操作，如视图、索引、备份与恢复等。

对于非关系型数据库 MongoDB 来说，学习的过程也是离不开实践的。可以先从文档与集合开始，其次是文档的查询，再次是文档的聚合操作，最后是一些高级应用，比如 MongoDB 的索引与优化等。

任务 1.2　基本概念

任务描述

要掌握数据库的基本操作原理，首先要熟悉与数据库有关的基本概念。

技术要点

1．信息

对现实世界中各种事物的存在方式、运动状态和相互关系的描述称为信息。

2．数据

数据是信息的具体表现形式，是用来记录信息的符号。数据包括数字、字符、图像、视频、音频等。学生的体重可以表示为"65.0"和"60 kg"，"65.0"是数字，"60 kg"是字符串，都表示了体重信息，但值的类型不同。

大数据（BigData）是指数据量特别大、类型复杂，无法用传统数据管理工具进行数据提取、管理的数据集合。

3．数据处理

数据转换成信息的过程称为数据处理。数据处理包括数据的收集、组织、整理、存储、加工、维护、查询和传播等一系列活动。数据处理主要包括：

① 数据管理：收集信息，将信息用数据表示并分类存储。

② 数据加工：对数据进行变换、抽取和运算。

③ 数据传播：将信息在时间和空间上进行传递，传播过程中，数据的结构、性质、内容不会发生改变。

4．数据库

数据库（DataBase，DB）并没有完全固定统一的定义，但是随着数据库技术的发展，普遍将数据库定义为长期存储在计算机内的、有组织的、可共享的数据的集合。数据库中的数据按一定的数学模型组织、描述和存储，具有较小的冗余、较高的数据独立性和易扩展性，并可为各种用户共享。

数据库可以高效地管理数据，主要体现在：

① 结构化存储大量数据，方便用户查询。

② 能够有效保证数据的一致性和完整性。

③ 能够在安全的前提下共享数据。

5．数据库管理系统

数据库管理系统（Database Management System，DBMS）是一种操作和管理数据库的大型软件，用于建立、使用和维护数据库。它对数据库进行统一的管理和控制，以保证数据库的安全性和完整性。用户通过DBMS访问数据库中的数据，数据库管理员通过DBMS进行数据库的维护工作。DBMS提供数据定义语言（Data Definition Language，DDL）和数据操作语言（Data Manipulation Language，DML），供用户定义数据库的模式结构与权限约束，实现对数据的追加、删除等操作。

6．数据库系统

数据库系统（Data Base System，DBS）通常由软件、数据库和数据管理员组成，如图1-12所示。其软件主要包括操作系统、各种宿主语言、实用程序以及数据库管理系统。数据库由数据库管理系统统一管理，数据的插入、修改和检索均要通过数据库管理系统进行。数据管理员负责创建、监控和维护整个数据库，使数据能被任何有权限的人有效使用。数据库管理员一般由业务水平较高、资历较深的人员担任。

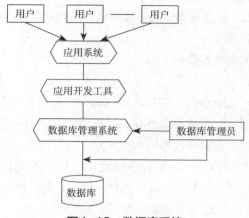

图1-12 数据库系统

（1）数据库系统的组成

数据库系统一般由4个部分组成：

① 数据库。

② 硬件：构成计算机系统的各种物理设备，包括存储所需的外围设备。硬件的配置应满足整个数据库系统的需要。

③ 软件：包括操作系统、数据库管理系统及应用程序。数据库管理系统是数据库系统的核心软件，是在操作系统的支持下工作，解决如何科学地组织和存储数据，如何高效获取和维护数据的系统软件。其主要功能包括数据定义、数据操作、数据库的运行管理，以及数据库的建立与维护。

④ 人员：主要有4类。第一类为系统分析员和数据库设计人员，系统分析员负责应用系统的需求分析和规范说明，他们和用户及数据库管理员一起确定系统的硬件配置，并参与数据库系统的概要设计；数据库设计人员负责数据库中数据的确定、数据库各级模式的设计。第二类为应用程序员，负责编写使用数据库的应用程序。这些应用程序可对数据进行检索、建立、删除或修改。第三类为最终用户，他们利用系统的接口或查询语言访问数据库。第四类为数据库管理员（Data Base Administrator，DBA），负责数据库的总体信息控制。DBA的具体职责包括：制定数据库中的信息内容和结构，决定数据库的存储结构和存取策略，定义数据库的安全性要求和完整性约束条件，监控数据库的使用和运行，负责数据库的性能改进、数据库的重组和重构，以提高系统的性能。

（2）数据库系统的基本要求

① 能够保证数据的独立性。数据和程序相互独立有利于加快软件开发速度，节省开发费用。

② 冗余数据少，数据共享程度高。

③ 系统的用户接口简单，用户容易掌握，使用方便。

④ 能够确保系统运行可靠，出现故障时能迅速排除；能够保护数据不受非授权者访问或破

坏；能够防止错误数据的产生，一旦产生能及时发现。

⑤ 有重新组织数据的能力，能改变数据的存储结构或数据存储位置，以适应用户操作特性的变化，改善由于频繁插入、删除操作造成的数据组织零乱和时空性能变坏的状况。

⑥ 具有可修改性和可扩充性。

⑦ 能够充分描述数据间的内在联系。

7. SQL

SQL（Structured Query Language，结构化查询语言）是一种特殊的编程语言，是一种数据库查询和程序设计语言，用于存取数据以及查询、更新和管理关系数据库系统。SQL 是高级的非过程化编程语言，允许用户在高层数据结构上工作。它不要求用户指定数据的存放方法，也不需要用户了解具体的数据存放方式，所以不同底层结构的不同数据库系统可以使用相同的 SQL 作为数据输入与管理接口。SQL 语句可以嵌套，这使它具有极大的灵活性和强大的功能。

SQL 语言主要包含 4 大部分：

① DDL：数据定义语言，主要包含 Create、Alter、Drop 等语句。

② DML：数据操作语言，主要包含 Insert、Update、Delete 等语句。

③ DCL：数据控制语言，主要包含 Commit、Rollback、Grant、Revoke 等语句。

④ DQL：数据查询语言，指 Select 查询语句。

任务 1.3 数据描述

任务描述

现实世界与计算机世界是相互联系且相互区别的，现实世界中存在各种事物，它们相互之间存在复杂的交互关系，为了让计算机来管理现实世界的事物，必须将现实世界的事物抽象为计算机世界能够表示的数据。

技术要点

1. 现实世界

现实世界是指客观存在事物、事物之间相互的联系及事物的发生、变化过程。新能源汽车管理系统中涉及企业管理、车队管理、车辆管理、用户管理。每个企业注册成功后，需要添加车队，有了车队后，再向车队添加车辆，车辆信息包括车架号、车牌号、所属车队等。车辆在线运行时，通过数据采集终端，不停向数据库中发送所采集的数据。以上各种事物及相互联系就构成了现实世界。软件开发者需要将现实世界的原始数据进行抽象，对现实世界的事物进行重新描述，就成为信息世界。

2. 信息世界

信息世界是现实世界的符号描述，即将客观世界用数据来描述。车辆是现实世界的个体，用一组数据（车架号、车牌号、所属车队）来描述，通过这样一组数据便可以了解该车辆的基本信息。可以说，信息世界就是数据世界。信息世界中的常用术语包括：

（1）实体（Entity）

客观世界存在的、可以区别的事物称为实体。实体可以是具体的事物，如车辆 A、企业 B，也可以是抽象的事件，如车辆A发送了一个位置数据包等。

（2）属性（Attribute）

实体有很多特性，每个特性称为实体的一个属性，每个属性有一个类型。例如，企业实体的属性有企业名称、省、市、详细地址等，企业名称、所在城市、详细地址的类型均为字符型。

（3）实体集（Entity Set）

性质相同的实体的集合称为实体集。例如，所有企业的集合、所有车队的集合、所有车辆的集合等。

（4）实体标识符（Key）

能够唯一标识实体的属性或属性的组合称为实体标识符。车辆实体的车架号能够唯一确定一辆车，可以作为车辆实体集的实体标识符。

（5）域（Domain）

实体的每个属性都有相应的取值范围，称为属性的域。

3. 计算机世界

信息世界中的数据在计算机世界中存储，成为计算机世界的数据。计算机世界中的常用术语包括：

① 记录：对应于信息世界中的实体。

② 字段：对应于信息世界中的属性。例如，车辆实体中的车架号、车牌号，每个字段都有它的数据类型和取值范围。

③ 数据文件：对应于信息世界的实体集。它是由若干相同类型记录组成的集合，在数据库系统中以文件的形式存储。

④ 关键字：能够唯一标识记录的字段或字段的组合，与信息世界中的实体标识符相对应，车辆实体中的车架号可以作为车辆的关键字。

从现实世界到信息世界不是简单的数据描述，而是从现实世界中抽象出适合计算机技术研究的数据，同时要求这些数据能够科学地反映现实世界的事物；从信息世界到计算机世界不是简单的数据对应存储，而是设计数据的逻辑结构和物理存储结构，这一过程如图1-13所示。在一个应用系统中，数据的逻辑结构面向软件开发者，物理结构面向计算机。数据库管理系统的功能之一，就是能够对数据的逻辑结构与数据的物理结构进行相互映像。

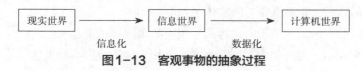

图1-13 客观事物的抽象过程

任务 1.4 数据模型

任务描述

模型是对现实世界的模拟和抽象。在数据库技术中，用数据模型对现实世界数据特征进行抽象，来描述数据库的结构和语义。模型主要分为两类：概念模型和结构数据模型。

技术要点

1. 概念模型

概念模型是对信息世界的建模，能够全面、科学、准确地反应信息世界。概念模型是独立于计算机系统的模型。能够表示概念模型的方法很多，其中使用最广泛的是 P. P. Chen 提出的 E-R 模型。

（1）概念模型的特点

概念模型能真实地反映现实世界中事物和事物之间的关联联系，易于理解，方便用户与软件开发者之间的交流，是现实世界的一个真实模型。概念模型在应用环境和应用要求改变时易于修改和扩充。概念模型是各种数据模型的共同基础，独立于机器，更为抽象，从而更加稳定。

（2）实体之间的联系

在现实世界中，事物内部以及事物之间是有联系的。实体内部的联系通常是指组成实体的各属性之间的联系，实体之间的联系通常是指不同实体型的实体集之间的联系。

① 一对一联系（1∶1）。如果对于实体集 A 中的每一个实体，实体集 B 中至多有一个（也可以没有）实体与之联系，反之亦然，则称实体集 A 与实体集 B 具有一对一联系，记为 1∶1。

② 一对多联系（1∶n）。如果对于实体集 A 中的每一个实体，实体集 B 中有 n 个实体（$n>1$）与之联系，反之，对于实体集 B 中的每一个实体，实体集 A 中至多只有一个实体与之联系，则称实体集 A 与实体集 B 具有一对多联系，记为 1∶n。

③ 多对多联系（$m∶n$）。如果对于实体集 A 中的每一个实体，实体集 B 中有 n 个实体（$n>0$）与之联系，反之，对于实体集 B 中的每一个实体，实体集 A 中也有 m 个实体（$m>0$）与之联系，则称实体集 A 与实体集 B 具有多对多联系，记为 $m∶n$。

一般把参与联系的实体型的数目称为联系的度。两个实体型之间的联系度为 2，称为二元联系；三个实体型之间的联系度为 3，称为三元联系；N 个实体型之间的联系度为 N，称为 N 元联系。

（3）E-R 图

E-R 模型是用 E-R 图来描述现实世界的概念模型。E-R 图提供了表示实体、属性和联系的方法。实体、属性和联系是 E-R 图的 3 个基本要素。

E-R 图的绘制：

① 实体用矩形表示，矩形框内写明实体名。

② 属性用椭圆形表示，并用无向边将其与相应的实体型联系起来。

③ 联系用菱形表示，菱形框内写明联系名，并用无向边分别与有关实体连接起来，同时在无向边旁标上联系的类型（1∶1、1∶n 或 m∶n）。

④ 如果一个联系具有属性，则这些属性也要用无向边与该联系连接起来。

⑤ 先设计局部 E-R 图，再把局部 E-R 图综合起来，形成总体 E-R 图。

2. 关系模型

不同数据库所采用的数据模型是不同的，常见的数据模型有层次模型、网状模型、关系模型。关系型数据库使用的就是关系模型。关系模型结构简单，数据之间的关系容易实现。

（1）关系模型的性质

① 同一个关系中不能出现相同的属性。

② 同一个关系中不能出现相同的记录。

③ 关系中的元组、属性具有顺序无关性。

④ 关系中的每个属性都不可再分。

（2）E-R图转换成关系模型

① 实体的转换。

• 将每个实体类型转换成一个关系模式。

• 实体的属性即为关系模式的属性。

• 实体标识符即为关系模式的键。

② 二元联系的转换。

• 若实体间联系是1∶1，可以在两个实体类型转换成的两个关系模式中任意一个关系模式的属性中加入另一个关系模式的主键和联系类型的属性。

• 若实体间联系是1∶N，则在N端实体类型转换成的关系模式中加入1端实体类型的主键和联系类型的属性。

• 若实体间联系是M∶N，则将联系类型也转换成关系模式，其属性为两端实体类型的主键加上联系类型的属性，而键为两端实体键的组合。

③ 一元联系类型的转换和二元联系类型的转换类似。

④ 三元联系类型的转换。

• 若实体间联系是1∶1∶1，可以在三个实体类型转换成的三个关系模式中任意一个关系模式的属性中加入另两个关系模式的主键（作为外键）和联系类型的属性。

• 若实体间联系是1∶1∶N，则在N端实体类型转换成的关系模式中加入两个1端实体类型的主键（作为外键）和联系类型的属性。

• 若实体间联系是1∶M∶N，则将联系类型也转换成关系模式，其属性为M端和N端实体类型的主键（作为外键）加上联系类型的属性，而键为M端和N端实体键的组合。

• 若实体间联系是M∶N∶P，则将联系类型也转换成关系模式，其属性为三端实体类型的主键（作为外键）加上联系类型的属性，而键为三端实体键的组合。

（3）关系的完整性

① 实体完整性。实体完整性要求关系中的所有主属性都不能为空值。一个关系对应现实世界中一个实体集。现实世界中的实体是可以相互区分、识别的，也即它们应具有某种唯一性标识。在关系模式中，以主关键字作为唯一性标识，而主关键字中的属性（称为主属性）不能取空值，否则，表明关系模式中存在着不可标识的实体（因空值是"不确定"的），这与现实世界的实际情况相矛盾，这样的实体就不是一个完整实体。按实体完整性规则要求，主属性不得取空值，如主关键字是多个属性的组合，则所有主属性均不得取空值。

② 参照完整性。参照完整性是定义建立关系之间联系的主关键字与外部关键字引用的约束条件。关系数据库中通常包含多个存在相互联系的关系，关系与关系之间的联系是通过公共属性来实现的。公共属性是一个关系R（称为被参照关系或目标关系）的主关键字，同时又是另一关系K（称为参照关系）的外部关键字。如果参照关系K中外部关键字的取值，要么与被参照关系R中某元组主关键字的值相同，要么取空值，那么，在这两个关系间建立关联的主关键

字和外部关键字引用，符合参照完整性规则要求。如果参照关系 K 的外部关键字也是其主关键字，根据实体完整性要求，主关键字不得取空值，因此，参照关系 K 外部关键字的取值实际上只能取相应被参照关系 R 中已经存在的主关键字值。

③ 用户自定义完整性。实体完整性和参照完整性适用于任何关系型数据库系统，它主要是针对关系的主关键字和外部关键字取值必须有效而做出的约束。用户定义完整性则是根据应用环境的要求和实际的需要，对某一具体应用所涉及的数据提出约束性条件。这一约束机制一般不应由应用程序提供，而应由关系模型提供定义并检验。用户定义完整性主要包括字段有效性约束和记录有效性。

3. 关系数据模型中的范式

在关系型数据库中，每个关系包含关系的模式和关系的值。关系模式是关系的具体结构，是对关系的抽象定义；关系的值是关系的具体存储内容，反应关系的具体状态。关系模型最核心的内容就是关系的规范化，规范化过程实际上就是在保证数据库中内容完整的前提下最小化数据冗余的过程。规范化过程必须符合范式规则。

（1）第一范式（1NF）

第一范式要求，关系中的每个属性不能再分，只包含一个值，关系中的所有记录都包含相同的属性，关系中不能出现相同的记录。表 1-2 中的企业属性就不属于第一范式，因为地区包含两个属性值。

表 1-2 范例

企业编号	企业名称	地 区	地 址
1	企业 A	江苏省 苏州市	人民路 1 号
2	企业 B	江苏省 无锡市	滨湖路 22 号
3	企业 C	安徽省 合肥市	振兴路 3 号

修改为第一范式后如表 1-3 所示。

表 1-3 修改后的范例

企业编号	企业名称	省 份	城 市	地 址
1	企业 A	江苏省	苏州市	人民路 1 号
2	企业 B	江苏省	无锡市	滨湖路 22 号
3	企业 C	安徽省	合肥市	振兴路 3 号

第一范式是规范化的最低要求，不满足第一范式的关系是非规范化的关系模式。满足第一范式的关系仍然会出现插入异常、删除异常、更新异常等问题，需要对关系模式进行完善，才能得到更好性能的关系模式。

（2）第二范式

在满足第一范式的基础上，第二范式要求所有属性都必须依赖于关系的候选键，即不存在部分依赖。

（3）第三范式

在满足第二范式的基础上，第三范式要求非键属性相互之间必须无关，也就是不存在传递依赖。

4. 设计的规范化与反规范化

数据库中数据规范化的优点是减少了数据冗余，节约了存储空间，相应逻辑和物理的I/O次数减少，同时加快了增、删、改的速度，但是对完全规范的数据库查询，通常需要更多的连接操作，从而影响查询速度。因此，有时为了提高某些查询或应用的性能而破坏规范规则，即反规范。

是否规范化的程度越高越好？这要根据需要来决定，因为"分离"越深，产生的关系越多，连接操作越频繁，而连接操作是最费时间的，特别对以查询为主的数据库应用来说，频繁的连接会影响查询速度。所以，关系有时会故意保留成非规范化，或者规范化以后又反规范，这样做通常是为了改进性能。

反规范的好处是降低连接操作的需求、降低外码和索引的数目，还可能减少表的数目，相应带来的问题是可能出现数据的完整性问题。反规范能够加快查询速度，但会降低修改速度。因此，决定做反规范时，一定要权衡利弊，仔细分析应用的数据存取需求和实际的性能特点。好的索引和其他方法经常能够解决性能问题，而不必采用反规范这种方法。

常用的反规范技术有增加冗余列、增加派生列、重新组表和分割表。

任务实施

【例1-1】企业实体包含企业ID、企业名称、省份、城市、地址，共5个属性，绘制其E-R图。

企业是一个实体，用矩形表示，企业ID、企业名称、省份、城市、地址这5个属性用椭圆形表示，实体与属性之间用直线相连，如图1-14所示。

【例1-2】企业实体包含5个属性，车队实体包含车队ID、车队名称两个属性，一个企业可以包含多个车队，一个车队只属于一个企业，绘制其E-R图。

企业和车队都是实体，用矩形表示，企业和车队之间有包含关系，用菱形表示，如图1-15所示。

图1-14　企业实体及其属性

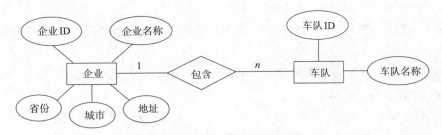

图1-15　企业-车队E-R图

【例1-3】将例1-2绘制的E-R图转换成关系模式。

根据转化规则，转换成如下关系模式：

企业：（企业ID、企业名称、省份、城市、地址）

车队：（车队ID、车队名称、企业ID）

【例1-4】新能源汽车监控系统包含的实体有企业、车队、车辆、报警信息、整车信息、电池信息、电机信息、发动机信息、在线离线信息、位置信息、极值信息、故障码。实体之间的关系有：一个企业包含多个车队，一个车队只属于一个企业；一个车队包含多个车辆，一个车辆只属于一个车队；一辆车包含多条报警信息、多条整车信息、多条电池信息、多条电机信息、多条发动机信息、多条在线离线信息、多条位置信息、多条极值信息，每条采集的信息只属于一个车辆。

根据需求，绘制新能源汽车监控系统E-R图，如图1-16所示。

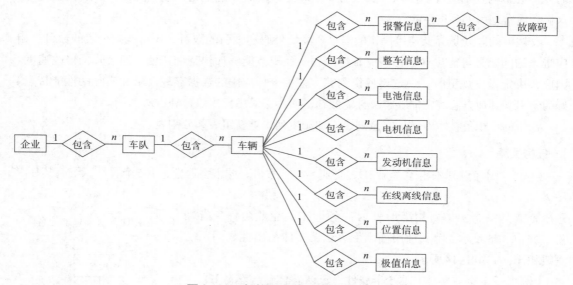

图1-16　新能源汽车监控系统E-R图

根据E-R图转换规则，转换后的关系模式如下：

企业：（企业ID、企业名称、省份、城市、地址）

车队：（车队ID、车队名称、企业ID）

车辆：（车辆ID、终端编号、车架号、车牌号、车队ID）

报警信息：（ID、车架号、实时时间、电池故障码、发动机故障码、电机故障码、其他故障码）

整车信息：（ID、车架号、实时时间、车辆状态、充电状态、运行模式、车速、累计里程、电压、电流、SOC、DCDC状态）

电池信息：（ID、车架号、实时时间、电池电压、电池电流、燃烧率、温度）

电机信息：（ID、车架号、实时时间、控制室温度、转速、扭矩、电机温度、电压、电流）

发动机信息：（ID、车架号、实时时间、转速、燃烧率）

极值信息：（ID、车架号、实时时间、电池最高电压、电池最低电压、最高温度、最低温度）

在线离线信息：（ID、车架号、实时时间、在线状态）

位置信息：（ID、车架号、实时时间、经度、维度）

故障码：（ID、故障码、故障名称、故障等级、故障类型、故障描述、维修建议）

单元小结

数据库是软件系统的一个核心组成部分，应用的范围越来越广，可以说，学好数据库是软件开发的一个前提条件。任何技术的学习都离不开实践，没有实践，再多的理论也是空谈。

课后习题

一、选择题

1. 下列关于数据库的说法不正确的是（　　）。

A. 数据库就是长期存储在计算机中、有组织、可共享的数据集合

B. 数据库中的数据没有任何冗余

C. 数据库中的数据可同时被多个用户共享

D. 数据库中的数据是按一定的数据模型组织、描述和存储的

2. 数据库管理系统的英文缩写是（　　）。

A. DBS　　　　　　B. DBMS　　　　　　C. DBO　　　　　　D. DB

3. 在E-R图中，矩形和椭圆形分别表示（　　）。

A. 联系和属性　　　B. 属性和实体　　　C. 实体和属性　　　D. 实体和联系

二、填空题

1. 数据库技术发展的阶段划分为_____阶段、_____阶段和数据库系统阶段三个阶段。

2. 实体之间的联系用_____表示。

3. E-R图的三个基本要素是_____、_____和_____。

三、简答题

1. 简述数据库的起源与发展。

2. 简述关系型数据库与非关系型数据库的区别。

3. 简述数据库系统的组成。

4. 简述数据库管理系统与数据库系统的区别。

5. 在一个教学管理系统中，一个教师可以教授多门课程，一门课程也可以被由多个教师讲授；一个学生可以选修多门课程，一门课程也可以有多个学生选修；教师具有工号、姓名、性别、出生年月、专业属性；学生具有学号、姓名、性别、出生年月、班级属性；课程具有课程编号、课程名称、学分、课时数属性。绘制出E-R图，并将E-R图转换成相应的关系模式。

单元 2
数据库的基本操作

"工欲善其事，必先利其器。"要想在计算机中存储数据，必须要创建数据库这个容器，而数据库的管理依赖于数据库管理软件。

■ 学习目标

【知识目标】
- 了解数据库的组成。
- 了解系统数据库的用途。
- 了解常见错误代码。

【能力目标】
- 能够安装配置数据库开发环境。
- 能够创建数据库。
- 能够管理数据库。

▌ 任务 2.1　设置数据库开发环境

任务描述

　　MySQL是一套开源的数据库管理系统软件，目前被相当多的企业广泛使用。MySQL支持多种平台，在不同的平台下安装方式不尽相同，本书以Windows平台下的安装为例进行介绍。

技术要点

1.　安装与配置MySQL

　　首先到MySQL官网 https://dev.mysql.com/downloads/ 下载安装程序，下载时根据实际要求下载合适的版本。在Windows操作系统环境下安装MySQL的步骤如下：

　　① 双击下载的MySQL 5.7安装文件，出现安装向导界面，如图2-1所示。勾选I accept the license terms复选框，单击Next按钮继续安装。

　　② Choosing a Setup Type窗口中包括5种安装类型，分别是Developer Default（开发者默认）、Server only（仅服务器）、Client only（仅客户端）、Full（完全）、Custom（自定义），这里选择Developer Default单选按钮，如图2-2所示。

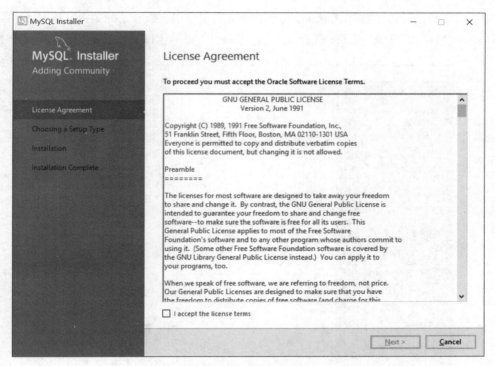

图2-1　接受许可协议

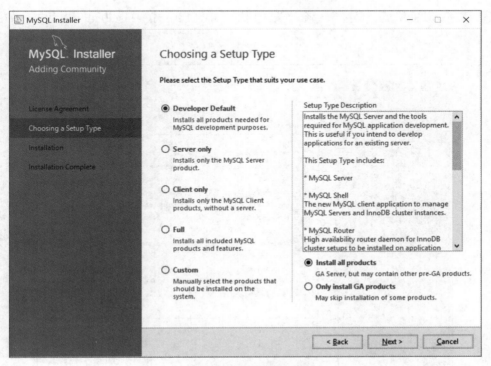

图2-2　选择安装类型

③ 单击Next按钮继续，在Check Requirements对话框中，检查系统是否具备安装所需要的组件，如果没有，则单击Execute按钮，将在线安装所需要的组件，如图2-3所示。

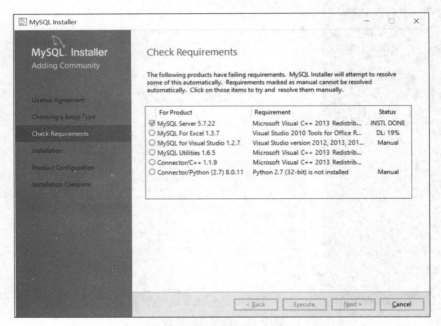

图2-3 检查必需组件

④ 组件安装完毕后，会弹出一个警告对话框，确认后，打开Installation对话框，如图2-4所示。

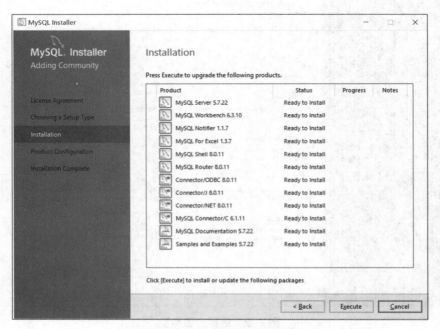

图2-4 Installation对话框

⑤ 单击Execute按钮，开始安装MySQL，如图2-5所示。

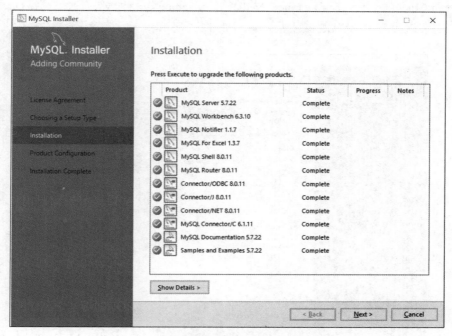

图2-5　安装MySQL

⑥ 单击Next按钮，打开Product Configuration对话框，如图2-6所示，其中显示需要配置的产品。

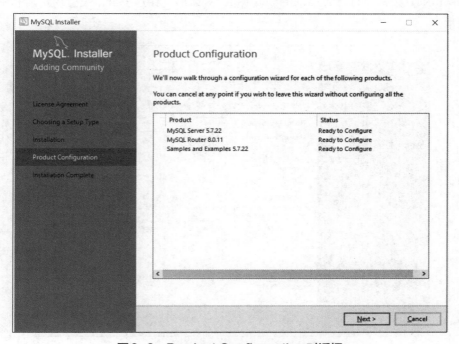

图2-6　Product Configuration对话框

⑦ 单击 Next 按钮，打开 Type and Networking 对话框，Config Type 下拉列表框中提供了 Development Machine、Server Machine、Dedicated Machine 这 3 种类型，这里选择 Development Machine（开发者类型），默认端口号为 3306，如图 2-7 所示。

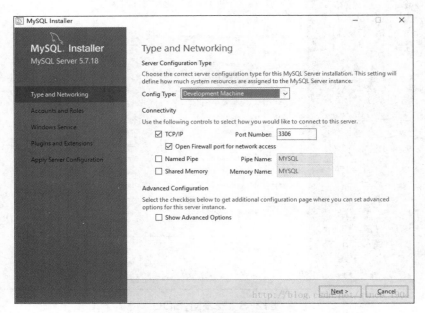

图2-7　选择服务器类型

注意：也可以将端口号修改成其他的，但是一般不作修改，除非端口号 3306 已经被占用。

⑧ 单击 Next 按钮，打开 Accounts and Roles 对话框，在这里可以设置用户名和密码，如图 2-8 所示。

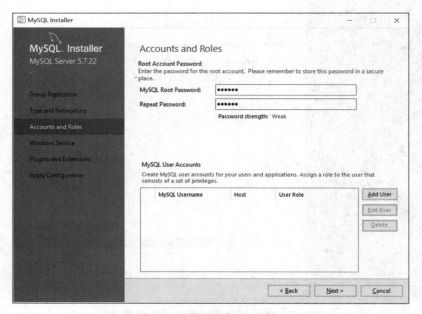

图2-8　设置用户名和密码

⑨ 单击Next按钮，打开Windows Service对话框，这里采用默认设置，如图2-9所示。

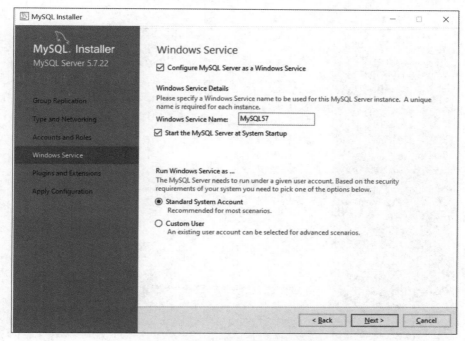

图2-9　Windows Service对话框

⑩ 单击Next按钮，打开Plugins and Extensions窗口，采用默认设置，如图2-10所示。

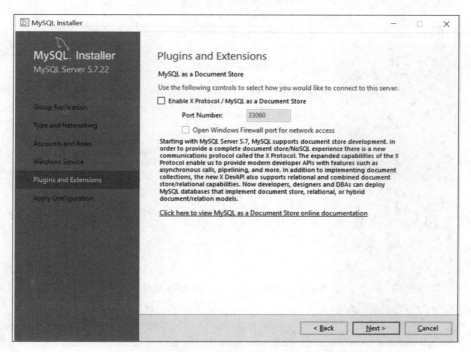

图2-10　Plugins and Extensions对话框

⑪ 单击 Next 按钮，打开 Apply Configuration 对话框，单击 Execute 按钮开始配置，配置过程如图 2-11 所示。

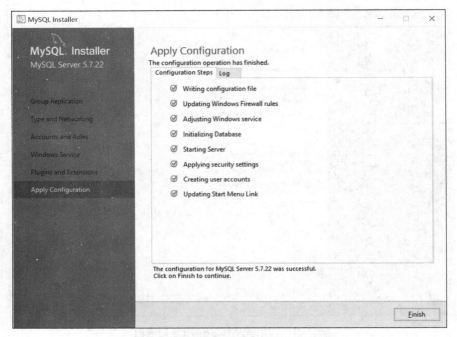

图2-11 Apply Configuration 对话框

⑫ 单击 Finish 按钮，打开 Product Configuration 对话框，如图 2-12 所示。

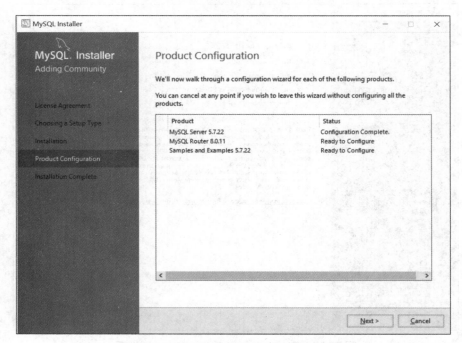

图2-12 Product Configuration 对话框

⑬ 单击Next按钮，打开Connect To Server对话框，单击Check按钮，进行连接测试，连接成功后，会出现绿色底纹提示All connections succeeded，如图2-13所示。

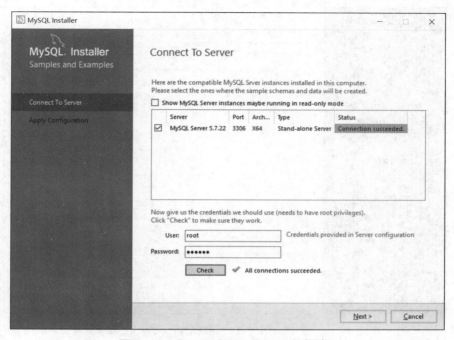

图2-13　Connect To Server对话框

⑭ 单击Next按钮，打开Apply Configuration对话框，如图2-14所示。

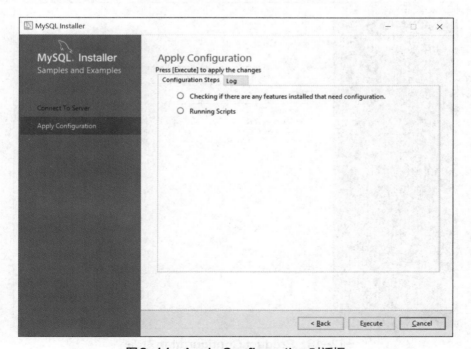

图2-14　Apply Configuration对话框

⑮ 单击 Execute 按钮，完成配置，如图 2-15 所示。

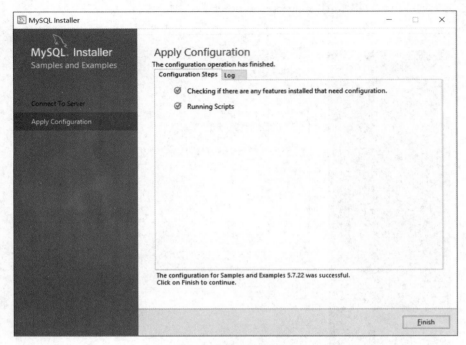

图 2-15　完成配置

⑯ 单击 Finish 按钮，打开 Product Configuration 对话框，显示配置完成，如图 2-16 所示。

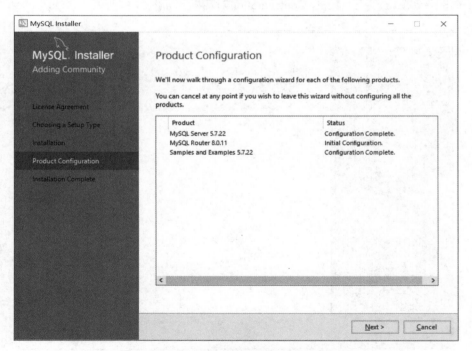

图 2-16　Product Configuration 对话框

⑰ 单击Next按钮，完成MySQL的安装，如图2-17所示。

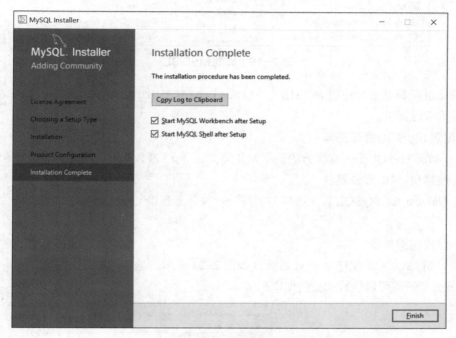

图2-17　安装成功

注意：如果安装MySQL时遇到问题导致没有安装成功，可以删除注册表中相关记录，然后删除安装路径下的文件，重新安装。

如果需要卸载MySQL，在Windows系统中，首先需要在Windows服务中停止MySQL服务，然后打开控制面板，选择"程序和功能"，如图2-18所示。打开"程序和功能"窗口，选择MySQL，右击，在弹出的快捷菜单中选择"卸载"命令，如图2-19所示。

图2-18　打开控制面板

图2-19 卸载MySQL

卸载完成后最好清理注册表（HKEY_LOCAL_MACHINE\SYSTEM\）以及安装路径文件夹，然后重启计算机。

2. 配置MySQL管理工具

Navicat for MySQL是一套优秀的数据库开发工具，支持MySQL的绝大多数功能。

（1）连接MySQL服务器

打开Navicat for MySQL后，选择"文件"→"新建连接"→"MySQL"命令，如图2-20所示。

（2）设置连接参数

打开"MySQL-新建连接"对话框，如图2-21所示，输入连接名，然后用root连接到MySQL服务器后就可以执行相关数据库操作。

图2-20 连接MySQL服务器

图2-21 设置连接参数

（3）完成连接

连接成功后，集成开发环境中会显示系统中所有数据库，每个数据库信息是单独获取的，灰色的表示没有获取，绿色的表示已经获取，如图2-22所示。

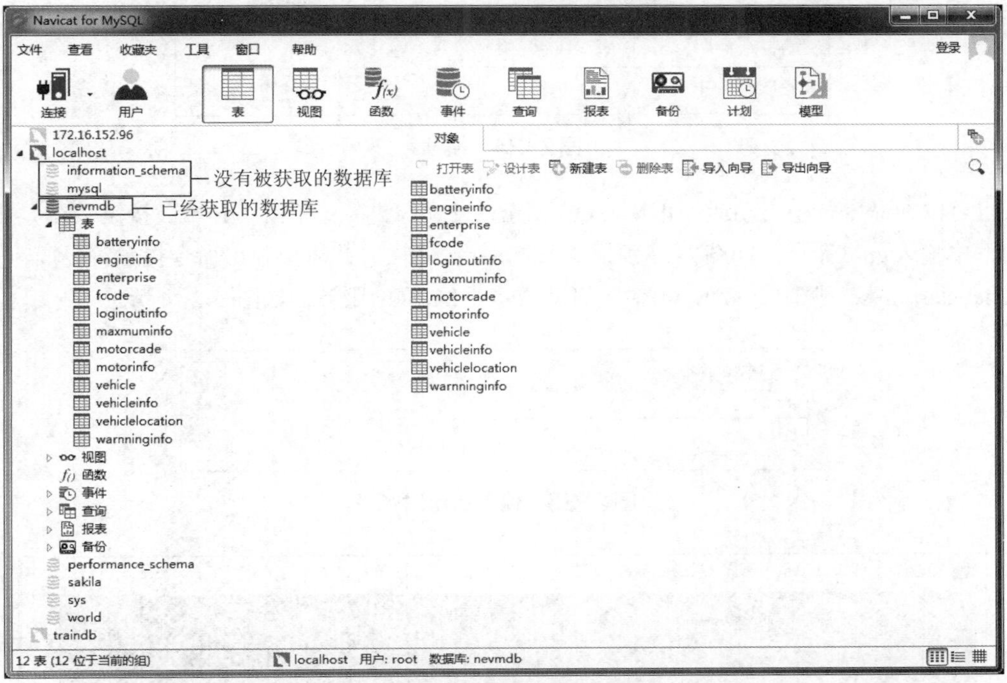

图2-22 集成开发环境

MySQL与相关管理工具全部安装完成并进行配置后，就可以利用它高效地管理数据库了。在使用MySQL之前，必须确保MySQL服务处于启动状态。如果没有启动，可以在控制面板中打开“服务”，找到MySQL服务，然后右击，在弹出的快捷菜单中选择“所有任务”→“启动”命令，如图2-23所示。也可以在“开始”搜索框中输入services.msc，如图2-24所示，按Enter键确认并进入“服务”操作界面。

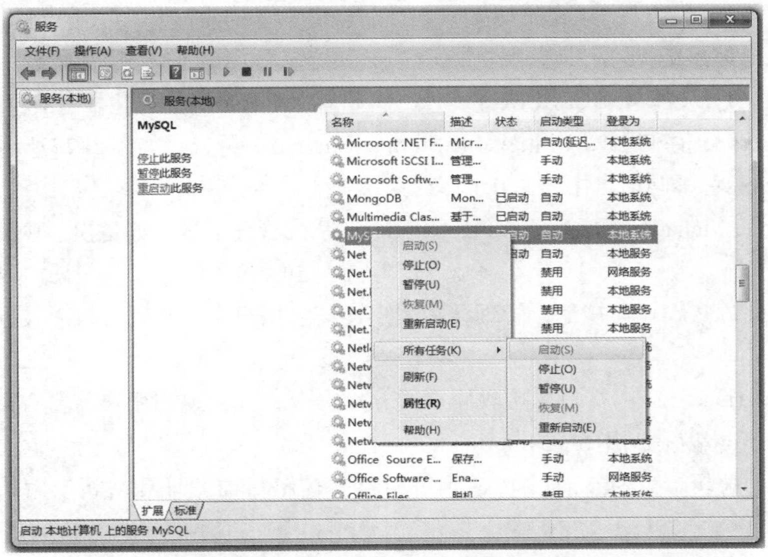

图2-23 启动MySQL服务

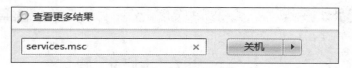

图2-24　搜索

也可以在命令行中启动或停止 MySQL 服务。设置方法为：单击"开始"按钮，在"开始"搜索框中输入 cmd 命令，如图 2-25 所示，按 Enter 键确认。此时会弹出命令提示符界面，分别输入 net start mysql 或 net stop mysql 命令启动或停止 MySQL 服务，如图 2-26 所示。

图2-25　输入cmd命令

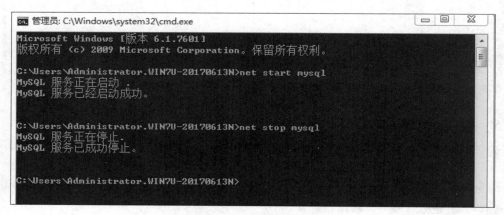

图2-26　启动与停止服务

3. MySQL 体系结构

MySQL 由 SQL 接口（SQL Interface）、解析器（Parser）、优化器（Optimizer）、缓存（Caches & Buffers）、存储引擎（Pluggable Storage Engines）组成，如图 2-27 所示。

① Connectors：不同语言中与 SQL 的交互。

② Enterprise Management Services & Utilities：系统管理工具，如备份、恢复、复制、集群管理等。

③ Connection Pool：连接池，管理缓冲用户连接、用户名、密码、权限校验、线程处理等需要缓存的需求。

④ SQL Interface：SQL 接口，接收用户的 SQL 命令，并且返回用户需要查询的结果。执行查询语句 select from 就是调用 SQL Interface。

⑤ Parser：解析器，SQL 命令传递到解析器时被解析器验证和解析。解析器是由 Lex 和 YACC 实现的。

⑥ Optimizer：查询优化器，SQL 语句在查询之前会使用查询优化器对查询进行优化。

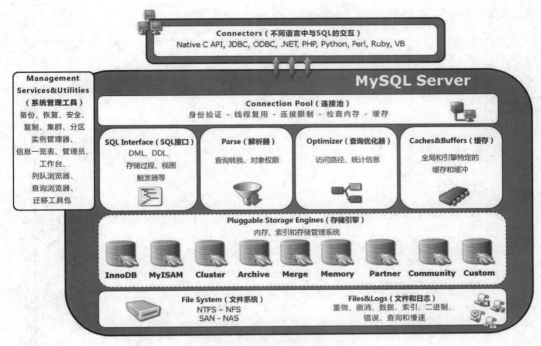

图2-27　MySQL 体系结构

⑦ Cache & Buffer：查询缓存，如果查询缓存有命中的查询结果，查询语句就可以直接去查询缓存中取数据。

⑧ Pluggable Storage Engines：存储引擎，与文件打交道的子系统。

任务 2.2　创建数据库

视频

任务描述

在单元1中已经分析了新能源汽车监控平台系统的功能需求，要管理系统数据，需要在数据库管理系统中创建相应的数据库。有了数据库，才可以在其中创建各种数据库对象，如数据表、视图、存储过程以及函数等。MySQL 数据库包含系统数据库、示例数据库、用户自定义数据库这3种类型。

任务 2.2　创建数据库

技术要点

1. 系统数据库

MySQL 安装完成后，系统会自动创建几个默认的数据库，如图2-28所示。

（1）information_schema

information_schema 数据库是 MySQL 系统自带的数据库，它提供了数据库元数据的访问方式，主要存储系统中的一些数据库对象信息，如用户表信息、列信息、权限信息、字符集信息、分区信息

▲ 🗔 localhost
　🗊 information_schema
　🗊 mysql
　🗊 performance_schema
　🗊 sakila
　🗊 sys
　🗊 world

图2-28　系统数据库

等，该数据库中包含多张数据表，如图2-29所示。

CHARACTER_SETS	INNODB_SYS_DATAFILES	TRIGGERS
COLLATION_CHARACTER_SET_APPLICABILITY	INNODB_SYS_FIELDS	USER_PRIVILEGES
COLLATIONS	INNODB_SYS_FOREIGN	VIEWS
COLUMN_PRIVILEGES	INNODB_SYS_FOREIGN_COLS	
COLUMNS	INNODB_SYS_INDEXES	
ENGINES	INNODB_SYS_TABLES	
EVENTS	INNODB_SYS_TABLESPACES	
FILES	INNODB_SYS_TABLESTATS	
GLOBAL_STATUS	INNODB_SYS_VIRTUAL	
GLOBAL_VARIABLES	INNODB_TEMP_TABLE_INFO	
INNODB_BUFFER_PAGE	INNODB_TRX	
INNODB_BUFFER_PAGE_LRU	KEY_COLUMN_USAGE	
INNODB_BUFFER_POOL_STATS	OPTIMIZER_TRACE	
INNODB_CMP	PARAMETERS	
INNODB_CMP_PER_INDEX	PARTITIONS	
INNODB_CMP_PER_INDEX_RESET	PLUGINS	
INNODB_CMP_RESET	PROCESSLIST	
INNODB_CMPMEM	PROFILING	
INNODB_CMPMEM_RESET	REFERENTIAL_CONSTRAINTS	
INNODB_FT_BEING_DELETED	ROUTINES	
INNODB_FT_CONFIG	SCHEMA_PRIVILEGES	
INNODB_FT_DEFAULT_STOPWORD	SCHEMATA	
INNODB_FT_DELETED	SESSION_STATUS	
INNODB_FT_INDEX_CACHE	SESSION_VARIABLES	
INNODB_FT_INDEX_TABLE	STATISTICS	
INNODB_LOCK_WAITS	TABLE_CONSTRAINTS	
INNODB_LOCKS	TABLE_PRIVILEGES	
INNODB_METRICS	TABLES	
INNODB_SYS_COLUMNS	TABLESPACES	

图2-29　information_schema数据库

（2）mysql

mysql 是 MySQL 的核心数据库，主要负责存储数据库的用户、权限设置、关键字等。其存储的是 MySQL 自己需要使用的控制和管理信息，一般不要轻易修改这个数据库里面的表信息。该数据库包含的数据表如图2-30所示。

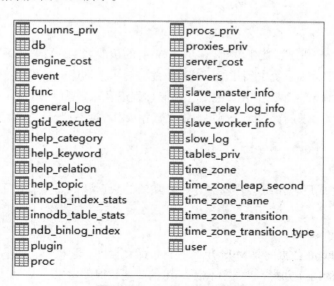

columns_priv	procs_priv
db	proxies_priv
engine_cost	server_cost
event	servers
func	slave_master_info
general_log	slave_relay_log_info
gtid_executed	slave_worker_info
help_category	slow_log
help_keyword	tables_priv
help_relation	time_zone
help_topic	time_zone_leap_second
innodb_index_stats	time_zone_name
innodb_table_stats	time_zone_transition
ndb_binlog_index	time_zone_transition_type
plugin	user
proc	

图2-30　MySQL数据库

（3）performance_schema

performance_schema 是 MySQL 5.5 版本后新增的一个性能优化的引擎，主要负责存储数据库服务器性能参数。该数据库包含的数据表如图 2-31 所示。

accounts	events_waits_summary_global_by_event_name	socket_instances
cond_instances	file_instances	socket_summary_by_event_name
events_stages_current	file_summary_by_event_name	socket_summary_by_instance
events_stages_history	file_summary_by_instance	status_by_account
events_stages_history_long	global_status	status_by_host
events_stages_summary_by_account_by_event_name	global_variables	status_by_thread
events_stages_summary_by_host_by_event_name	host_cache	status_by_user
events_stages_summary_by_thread_by_event_name	hosts	table_handles
events_stages_summary_by_user_by_event_name	memory_summary_by_account_by_event_name	table_io_waits_summary_by_index_usage
events_stages_summary_global_by_event_name	memory_summary_by_host_by_event_name	table_io_waits_summary_by_table
events_statements_current	memory_summary_by_thread_by_event_name	table_lock_waits_summary_by_table
events_statements_history	memory_summary_by_user_by_event_name	threads
events_statements_history_long	memory_summary_global_by_event_name	user_variables_by_thread
events_statements_summary_by_account_by_event_name	metadata_locks	users
events_statements_summary_by_digest	mutex_instances	variables_by_thread
events_statements_summary_by_host_by_event_name	objects_summary_global_by_type	
events_statements_summary_by_program	performance_timers	
events_statements_summary_by_thread_by_event_name	prepared_statements_instances	
events_statements_summary_by_user_by_event_name	replication_applier_configuration	
events_statements_summary_global_by_event_name	replication_applier_status	
events_transactions_current	replication_applier_status_by_coordinator	
events_transactions_history	replication_applier_status_by_worker	
events_transactions_history_long	replication_connection_configuration	
events_transactions_summary_by_account_by_event_name	replication_connection_status	
events_transactions_summary_by_host_by_event_name	replication_group_member_stats	
events_transactions_summary_by_thread_by_event_name	replication_group_members	
events_transactions_summary_by_user_by_event_name	rwlock_instances	
events_transactions_summary_global_by_event_name	session_account_connect_attrs	
events_waits_current	session_connect_attrs	
events_waits_history	session_status	
events_waits_history_long	session_variables	
events_waits_summary_by_account_by_event_name	setup_actors	
events_waits_summary_by_host_by_event_name	setup_consumers	
events_waits_summary_by_instance	setup_instruments	
events_waits_summary_by_thread_by_event_name	setup_objects	
events_waits_summary_by_user_by_event_name	setup_timers	

图 2-31　performance_schema 数据库

（4）sys

sys 数据库中包含一系列的存储过程、函数及视图，可以帮助用户快速了解系统元数据信息。

（5）sakila 和 world

sakila 和 world 是系统示例数据库，供用户学习使用。sakila 和 world 数据库中包含的数据表分别如图 2-32 和图 2-33 所示。

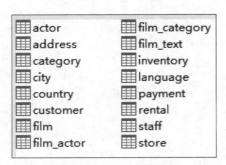

图 2-32　sakila 数据库

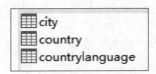

图 2-33　world 数据库

2. 存储引擎

存储引擎是 MySQL 的核心，不同的存储引擎提供不同的存储机制。存储引擎确定了表的存储类型、是否支持事务等。

数据库用户可以通过 show engines 语句查看系统所支持的数据库引擎，结果如图 2-34 所示。

```
mysql> show engines;
+------------+---------+----------------------------------------------------------------+--------------+------+------------+
| Engine     | Support | Comment                                                        | Transactions | XA   | Savepoints |
+------------+---------+----------------------------------------------------------------+--------------+------+------------+
| EXAMPLE    | YES     | Example storage engine                                         | NO           | NO   | NO         |
| CSV        | YES     | CSV storage engine                                             | NO           | NO   | NO         |
| MyISAM     | YES     | Default engine as of MySQL 3.23 with great performance         | NO           | NO   | NO         |
| BLACKHOLE  | YES     | /dev/null storage engine (anything you write to it disappears) | NO           | NO   | NO         |
| MRG_MYISAM | YES     | Collection of identical MyISAM tables                          | NO           | NO   | NO         |
| InnoDB     | DEFAULT | Supports transactions, row-level locking, and foreign keys     | YES          | YES  | YES        |
| ARCHIVE    | YES     | Archive storage engine                                         | NO           | NO   | NO         |
| MEMORY     | YES     | Hash based, stored in memory, useful for temporary tables      | NO           | NO   | NO         |
| FEDERATED  | YES     | Federated MySQL storage engine                                 | NO           | NO   | NO         |
+------------+---------+----------------------------------------------------------------+--------------+------+------------+
9 rows in set (0.05 sec)
```

图 2-34　查看数据库引擎

MySQL 5.5 以上版本默认的存储引擎是 InnoDB。可以通过如下语句查看当前数据库的默认引擎：

```
mysql>SHOW VARIABLES LIKE'storage_engine%';
```

返回结果如图 2-35 所示。

```
mysql> SHOW VARIABLES LIKE 'storage_engine%';
+----------------+--------+
| Variable_name  | Value  |
+----------------+--------+
| storage_engine | InnoDB |
+----------------+--------+
1 row in set (0.02 sec)

mysql>
```

图 2-35　查询默认存储引擎

（1）MyISAM

MyISAM 是基于 ISAM 的存储引擎，不支持事务，也不支持外键，具有较高的数据查询、插入速度。其主要特点如下：

① 每个 MyISAM 表最大可以支持索引数位 64。

② 支持大文件。

③ 可以对 BOLOB 和 TEXT 列进行索引。

④ 索引列中允许存在 NULL 值。

⑤ 每个字符列可以有不同的字符集。

⑥ 可以将数据文件和索引文件存放在不同目录。

（2）InnoDB

InnoDB 是一个非常好的事务型存储引擎。它是 MySQL 默认的存储引擎。其主要特点如下：

① 支持处理海量数据，特别适合处理多重并发的更新请求。

② 支持事务的标准MySQL存储引擎。

③ 能够自动从灾难中恢复。

④ 支持外键。

⑤ 支持AUTO_INCREMENT属性。

（3）Memory

Memory存储引擎主要用于提高速度。它的逻辑存储介质是系统内存，其主要特点如下：

① 使用固定的记录长度格式，不支持BLOB和TEXT格式。

② 支持AUTO_INCREMENT列。

③ 表在所有客户端之间共享。

④ 支持非唯一键。

⑤ 表内容存放在内存中。

实际项目中具体使用哪一种引擎需要根据实际情况灵活选择。同一个数据库中的不同数据表可以选择不同的存储引擎以满足各种性能的实际需求，选择合理的存储引擎可以提高系统的性能。存储引擎功能比较如表2-1所示。

表 2-1　存储引擎功能比较

功　　能	InnoDB	Memory	MyISAM
存储限制	64 TB	RAM	256 TB
支持事务	支持	不支持	不支持
支持全文索引	不支持	不支持	支持
空间使用	高	低	低
内存使用	高	高	低
支持数据索引	支持	支持	支持
支持数据缓存	支持	不支持	不支持
支持外键	支持	不支持	不支持
添加数据速度	低	高	低

InnoDB在事务安全、并发控制方面表现良好，MyISAM能够提供比较高的处理效率，Memory对临时存放、数据量不大的需求表现良好。

3. 创建数据库

（1）使用Navicat工具创建数据库

这种方法以图形化向导的方式完成数据库的创建，简单直观，具体步骤如下：

① 启动Navicat for MySQL工具，确保与服务器建立连接。

② 右击localhost服务器，在弹出的快捷菜单中选择"新建数据库"命令，在弹出的对话框（见图2-36）

图2-36　新建数据库

中输入数据库名，选择对应的字符集，单击"确定"按钮。

（2）使用Create DataBase语句创建数据库

创建数据库的语法格式如下：

```
Create Database database_name CHARACTER SET character_name
```

语法说明：

① database_name：数据库名。

② character_name：字符集。设置字符集的主要目的是避免在数据库中存储的数据出现乱码。如果在数据库中存放中文字符，最好使用字符集gbk。

创建数据库时，数据库名称要满足以下要求：

① 不能与其他数据库重名，也不能使用系统保留关键字。

② 名称可以由字母、数字、下画线组成，但不能用单独的数字命名。

③ 数据库名称最长为64个字符。

④ 在Windows操作系统下，数据库名称大小写不敏感；在Linux操作系统下数据库名称大小写是敏感的。

创建数据库时，如果数据库名称与已经存在的数据库重名，那么系统会给出错误信息。例如，数据库中已经存在testdb1数据库，如果再次创建testdb1数据库，那么系统会给出图2-37所示的出错提示。

```
mysql> create database testdb1;
1007 - Can't create database 'testdb1'; database exists
mysql>
```

图2-37 出错提示

为了防止重名错误的发生，可以使用if not exists选项来判断要创建的数据库是否已经存在，语法规则如下：

```
Create Database if not exists database_name
```

4. 数据库对象

MySQL数据库中的数据在逻辑上被组织成一系列数据库对象，包括数据表、视图、存储过程、索引、约束等。

如果要查询MySQL数据库中已经存在的数据库对象，可以使用如下方式：

（1）查询所有数据表

```
select TABLE_SCHEMA,TABLE_NAME,TABLE_TYPE,ENGINE
from information_schema.tables
where TABLE_SCHEMA not in
('performance_schema','information_schema','mysql');
```

返回结果如图2-38所示。

（2）查询所有视图

```
select TABLE_SCHEMA,TABLE_NAME
from information_schema.tables
where table_type='view';
```

返回结果如图2-39所示。

TABLE_SCHEMA	TABLE_NAME	TABLE_TYPE	ENGINE
nevmdb	batteryinfo	BASE TABLE	InnoDB
nevmdb	engineinfo	BASE TABLE	InnoDB
nevmdb	enterprise	BASE TABLE	InnoDB
nevmdb	fcode	BASE TABLE	InnoDB
nevmdb	loginoutinfo	BASE TABLE	InnoDB
nevmdb	maxmuminfo	BASE TABLE	InnoDB
nevmdb	motorcade	BASE TABLE	InnoDB
nevmdb	motorinfo	BASE TABLE	InnoDB
nevmdb	vehicle	BASE TABLE	InnoDB
nevmdb	vehicleinfo	BASE TABLE	InnoDB
nevmdb	vehiclelocation	BASE TABLE	InnoDB
nevmdb	warnninginfo	BASE TABLE	InnoDB
sakila	actor	BASE TABLE	InnoDB
sakila	actor_info	VIEW	(Null)
sakila	address	BASE TABLE	InnoDB
sakila	category	BASE TABLE	InnoDB
sakila	city	BASE TABLE	InnoDB
sakila	country	BASE TABLE	InnoDB

图2-38　查询所有数据表

TABLE_SCHEMA	TABLE_NAME
sakila	actor_info
sakila	customer_list
sakila	film_list
sakila	nicer_but_slower_film_list
sakila	sales_by_film_category
sakila	sales_by_store
sakila	staff_list
sys	host_summary
sys	host_summary_by_file_io
sys	host_summary_by_file_io_type
sys	host_summary_by_stages
sys	host_summary_by_statement_latency
sys	host_summary_by_statement_type
sys	innodb_buffer_stats_by_schema
sys	innodb_buffer_stats_by_table
sys	innodb_lock_waits
sys	io_by_thread_by_latency

图2-39　查询所有视图

（3）查询所有索引

```
SELECT TABLE_SCHEMA,TABLE_NAME,INDEX_NAME,INDEX_TYPE
```

```
FROM INFORMATION_SCHEMA.STATISTICS
```

返回结果如图 2-40 所示。

TABLE_SCHEMA	TABLE_NAME	INDEX_NAME	INDEX_TYPE
mysql	time_zone_transition_type	PRIMARY	BTREE
mysql	time_zone_transition_type	PRIMARY	BTREE
mysql	user	PRIMARY	BTREE
mysql	user	PRIMARY	BTREE
nevmdb	batteryinfo	PRIMARY	BTREE
nevmdb	engineinfo	PRIMARY	BTREE
nevmdb	enterprise	PRIMARY	BTREE
nevmdb	fcode	PRIMARY	BTREE
nevmdb	loginoutinfo	PRIMARY	BTREE
nevmdb	maxmuminfo	PRIMARY	BTREE
nevmdb	motorcade	PRIMARY	BTREE
nevmdb	motorinfo	PRIMARY	BTREE
nevmdb	vehicle	PRIMARY	BTREE
nevmdb	vehicleinfo	PRIMARY	BTREE
nevmdb	vehiclelocation	PRIMARY	BTREE
nevmdb	warrninginfo	PRIMARY	BTREE
sakila	actor	PRIMARY	BTREE
sakila	actor	idx_actor_last_name	BTREE

图 2-40   查询所有索引

（4）查询所有存储过程

```
select db,name from mysql.proc;
```

返回结果如图 2-41 所示。

db	name
sakila	film_in_stock
sakila	film_not_in_stock
sakila	get_customer_balance
sakila	inventory_held_by_customer
sakila	inventory_in_stock
sakila	rewards_report
sys	create_synonym_db
sys	diagnostics
sys	execute_prepared_stmt
sys	extract_schema_from_file_name
sys	extract_table_from_file_name
sys	format_bytes
sys	format_path
sys	format_statement
sys	format_time

图 2-41   查询所有存储过程

（5）查询所有约束

```
select TABLE_SCHEMA,TABLE_NAME,CONSTRAINT_NAME,
CONSTRAINT_TYPE
from information_schema.'TABLE_CONSTRAINTS';
```

返回结果如图2-42所示。

TABLE_SCHEMA	TABLE_NAME	CONSTRAINT_NAME	CONSTRAINT_TYPE
mysql	time_zone_leap_second	PRIMARY	PRIMARY KEY
mysql	time_zone_name	PRIMARY	PRIMARY KEY
mysql	time_zone_transition	PRIMARY	PRIMARY KEY
mysql	time_zone_transition_type	PRIMARY	PRIMARY KEY
mysql	user	PRIMARY	PRIMARY KEY
nevmdb	batteryinfo	PRIMARY	PRIMARY KEY
nevmdb	engineinfo	PRIMARY	PRIMARY KEY
nevmdb	enterprise	PRIMARY	PRIMARY KEY
nevmdb	fcode	PRIMARY	PRIMARY KEY
nevmdb	loginoutinfo	PRIMARY	PRIMARY KEY
nevmdb	maxmuminfo	PRIMARY	PRIMARY KEY
nevmdb	motorcade	PRIMARY	PRIMARY KEY
nevmdb	motorinfo	PRIMARY	PRIMARY KEY
nevmdb	vehicle	PRIMARY	PRIMARY KEY
nevmdb	vehicleinfo	PRIMARY	PRIMARY KEY
nevmdb	vehiclelocation	PRIMARY	PRIMARY KEY
nevmdb	warnninginfo	PRIMARY	PRIMARY KEY
sakila	actor	PRIMARY	PRIMARY KEY
sakila	address	PRIMARY	PRIMARY KEY

图2-42　查询所有约束

任务实施

【例2-1】通过命令行使用SQL语句创建新能源系统数据库nevmdb。

```
mysql>Create Database nevmdb;
```

执行上述语句后返回，结果如图2-43所示。

```
Query OK, 1 row affected (0.00 sec)

mysql>
```

图2-43　创建数据库nevmdb

其中：

① Query OK：表示SQL语句执行成功。

② 1 row affected：表示操作影响的行数为1行。

③ sec：表示操作执行的时间。

创建完成后，可以使用show databases语句查看数据库是否创建成功。

【例2-2】通过命令行使用SQL语句创建新能源系统数据库nevmdb2，创建时判断是否存在重名数据库。

```
mysql>Create Database if not exists nevmdb2;
```

执行上述语句后返回，结果如图2-44所示。

```
mysql> Create Database if not exists nevmdb2;
Query OK, 1 row affected (0.00 sec)

mysql>
```

图2-44　创建数据库nevmdb2

▎ 任务2.3　管理数据库

任务描述

创建数据库之后，可以在使用过程中查看其属性，也可以将数据库生成相应的脚本文件，还可以删除不再需要的数据库。

技术要点

1. 查看数据库

可以使用SHOW CREATE DATABASE dbname语句查看指定的数据库信息。如果省略dbname，则查看所有数据库。如果省略数据库名称，则查看所有已经存在的数据库：

```
mysql>show databases;
```

返回结果如图2-45所示。

可以在查询编辑区中直接输入查询语句查询已经存在的所有数据库，如图2-46所示。

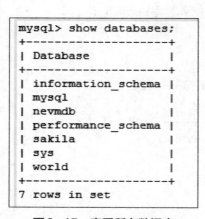

图2-45　查看所有数据库

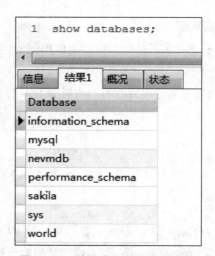

图2-46　查询存在的所有数据库

2. 选择数据库

数据库创建成功，不代表当前就可以操作该数据库。可以使用 USE dbname 命令选择指定的数据库。

3. 删除数据库

可以使用 DROP Database database_name 语句删除不再需要的数据库。删除数据库后，将一并删除数据库中所有包含的数据库对象。要谨慎使用删除数据库的操作，如果数据库没有备份，误删之后就无法恢复了。

4. HELP 命令

在实际使用数据库过程中，难免会遇到各种问题与困难，可以使用 HELP 命令帮助解决遇到的问题。

在 Navicat for MySQL 中，可以使用 HELP 命令查看各种帮助文档。

（1）HELP 查询内容

① 查看帮助文档目录：

```
mysql>HELP contents;
```

返回结果如图 2-47 所示。

```
mysql> HELP contents;
+---------------------+-------------------------------------------+----------------+
| source_category_name | name                                      | is_it_category |
+---------------------+-------------------------------------------+----------------+
| Contents            | Account Management                        | Y              |
| Contents            | Administration                            | Y              |
| Contents            | Data Definition                           | Y              |
| Contents            | Data Manipulation                         | Y              |
| Contents            | Data Types                                | Y              |
| Contents            | Functions                                 | Y              |
| Contents            | Functions and Modifiers for Use with GROUP BY | Y          |
| Contents            | Geographic Features                       | Y              |
| Contents            | Language Structure                        | Y              |
| Contents            | Plugins                                   | Y              |
| Contents            | Storage Engines                           | Y              |
| Contents            | Stored Routines                           | Y              |
| Contents            | Table Maintenance                         | Y              |
| Contents            | Transactions                              | Y              |
| Contents            | Triggers                                  | Y              |
+---------------------+-------------------------------------------+----------------+
15 rows in set (0.18 sec)

mysql>
```

图 2-47　帮助文档目录

② 查看具体帮助内容：

```
mysql>HELP'Data Types';
```

返回结果如图 2-48 所示。

进一步查看 FLOAT 的命令如下：

```
mysql>HELP'FLOAT';
```

返回结果如图 2-49 所示。

```
mysql> HELP 'Data Types';
+---------------------+------------------+----------------+
| source_category_name | name            | is_it_category |
+---------------------+------------------+----------------+
| Data Types          | AUTO_INCREMENT   | N              |
| Data Types          | BIGINT           | N              |
| Data Types          | BINARY           | N              |
| Data Types          | BIT              | N              |
| Data Types          | BLOB             | N              |
| Data Types          | BLOB DATA TYPE   | N              |
| Data Types          | BOOLEAN          | N              |
| Data Types          | CHAR             | N              |
| Data Types          | CHAR BYTE        | N              |
| Data Types          | DATE             | N              |
| Data Types          | DATETIME         | N              |
| Data Types          | DEC              | N              |
| Data Types          | DECIMAL          | N              |
| Data Types          | DOUBLE           | N              |
| Data Types          | DOUBLE PRECISION | N              |
| Data Types          | ENUM             | N              |
| Data Types          | FLOAT            | N              |
| Data Types          | INT              | N              |
| Data Types          | INTEGER          | N              |
| Data Types          | LONGBLOB         | N              |
| Data Types          | LONGTEXT         | N              |
| Data Types          | MEDIUMBLOB       | N              |
| Data Types          | MEDIUMINT        | N              |
| Data Types          | MEDIUMTEXT       | N              |
| Data Types          | SET DATA TYPE    | N              |
| Data Types          | SMALLINT         | N              |
| Data Types          | TEXT             | N              |
| Data Types          | TIME             | N              |
| Data Types          | TIMESTAMP        | N              |
| Data Types          | TINYBLOB         | N              |
| Data Types          | TINYINT          | N              |
| Data Types          | TINYTEXT         | N              |
| Data Types          | VARBINARY        | N              |
| Data Types          | VARCHAR          | N              |
| Data Types          | YEAR DATA TYPE   | N              |
+---------------------+------------------+----------------+
35 rows in set (0.07 sec)

mysql>
```

图2-48　查看 Data Types 帮助文档

```
+--------+-------------+-------------------------------------+---------+
| name   | description                                         | example |
+--------+-------------+-------------------------------------+---------+
| FLOAT  | FLOAT[(M,D)] [UNSIGNED] [ZEROFILL]

A small (single-precision) floating-point number. Allowable values are
-3.402823466E+38 to -1.175494351E-38, 0, and 1.175494351E-38 to
3.402823466E+38. These are the theoretical limits, based on the IEEE
standard. The actual range might be slightly smaller depending on your
hardware or operating system.

M is the total number of digits and D is the number of digits following
the decimal point. If M and D are omitted, values are stored to the
limits allowed by the hardware. A single-precision floating-point
number is accurate to approximately 7 decimal places.

UNSIGNED, if specified, disallows negative values.

Using FLOAT might give you some unexpected problems because all
calculations in MySQL are done with double precision. See
http://dev.mysql.com/doc/refman/5.1/en/no-matching-rows.html.

URL: http://dev.mysql.com/doc/refman/5.1/en/numeric-type-overview.html

|        |
+--------+
1 row in set (0.06 sec)
```

图2-49　FLOAT 数据类型

5. 修改数据库

在 MySQL 中，可以使用 ALTER DATABASE 或 ALTER SCHEMA 语句修改已经创建或者存在的数据库的相关参数。修改数据库的语法格式如下：

```
ALTER DATABASE|SCHEMA[ 数据库名 ]{
[DEFAULT]CHARACTER SET< 字符集名 >|
[DEFAULT]COLLATE< 校对规则名 >}
```

语法说明：

① DATABASE|SCHEMA：任意选择其中一个，两个选项结果一样。

② ALTER DATABASE：用于更改数据库的全局特性。这些特性存储在数据库目录的db.opt文件中。

③ 使用 ALTER DATABASE 需要获得数据库 ALTER 权限。

④ 数据库名称可以忽略，此时语句对应于默认数据库。

⑤ CHARACTER SET 子句用于更改默认的数据库字符集。

⑥ COLLATE <校对规则名>：可选项，指定字符集的校对规则。

任务实施

【例2-3】删除数据库testdb2。

```
mysql>DROP Database testdb2;
```

返回结果如图2-50所示。

```
mysql> DROP Database testdb2;
Query OK, 0 rows affected (0.06 sec)
```

图2-50　删除数据库

【例2-4】查看数据库testdb1。

```
mysql>SHOW CREATE DATABASE testdb1;
```

返回结果如图2-51所示。

```
mysql> SHOW CREATE DATABASE testdb1;
+----------+--------------------------------------------------------------------+
| Database | Create Database                                                    |
+----------+--------------------------------------------------------------------+
| testdb1  | CREATE DATABASE `testdb1` /*!40100 DEFAULT CHARACTER SET latin1 */ |
+----------+--------------------------------------------------------------------+
1 row in set (0.05 sec)
```

图2-51　查看数据库

【例2-5】选择数据库nevmdb。

```
mysql>use nevmdb;
```

返回结果如图2-52所示。

如果选择的数据库不存在，系统会提示 Unknown database；如果存在该数据库，则提示 Database changed，

```
mysql> use nevmd;
1049 - Unknown database 'nevmd'
mysql> use nevmdb;
Database changed
mysql>
```

图2-52　选择数据库

并切换到该数据库。

【例2-6】查看有关Functions的信息。

```
mysql>help functions;
```

返回结果如图2-53所示。

```
mysql> help functions;
+-----------------------+-----------------------+----------------+
| source_category_name  | name                  | is_it_category |
+-----------------------+-----------------------+----------------+
| Functions             | CREATE FUNCTION       | N              |
| Functions             | DROP FUNCTION         | N              |
| Functions             | PROCEDURE ANALYSE     | N              |
| Functions             | Bit Functions         | Y              |
| Functions             | Comparison operators  | Y              |
| Functions             | Control flow functions| Y              |
| Functions             | Date and Time Functions| Y             |
| Functions             | Encryption Functions  | Y              |
| Functions             | Information Functions | Y              |
| Functions             | Logical operators     | Y              |
| Functions             | Miscellaneous Functions| Y             |
| Functions             | Numeric Functions     | Y              |
| Functions             | String Functions      | Y              |
+-----------------------+-----------------------+----------------+
13 rows in set (0.06 sec)
```

图2-53　Functions相关信息

若想创建一个数据库，如何通过帮助找到语法呢？可以按照如下流程。

①查看如何定义对象，如图2-54所示。

```
mysql> HELP 'Data Definition';
+-----------------------+-----------------------+----------------+
| source_category_name  | name                  | is_it_category |
+-----------------------+-----------------------+----------------+
| Data Definition       | ALTER DATABASE        | N              |
| Data Definition       | ALTER EVENT           | N              |
| Data Definition       | ALTER FUNCTION        | N              |
| Data Definition       | ALTER INSTANCE        | N              |
| Data Definition       | ALTER LOGFILE GROUP   | N              |
| Data Definition       | ALTER PROCEDURE       | N              |
| Data Definition       | ALTER SERVER          | N              |
| Data Definition       | ALTER TABLE           | N              |
| Data Definition       | ALTER TABLESPACE      | N              |
| Data Definition       | ALTER VIEW            | N              |
| Data Definition       | CONSTRAINT            | N              |
| Data Definition       | CREATE DATABASE       | N              |
| Data Definition       | CREATE EVENT          | N              |
| Data Definition       | CREATE FUNCTION       | N              |
| Data Definition       | CREATE INDEX          | N              |
| Data Definition       | CREATE LOGFILE GROUP  | N              |
| Data Definition       | CREATE PROCEDURE      | N              |
| Data Definition       | CREATE SERVER         | N              |
| Data Definition       | CREATE TABLE          | N              |
| Data Definition       | CREATE TABLESPACE     | N              |
```

图2-54　查看数据定义

②查看CREATE DATABASE语法，如图2-55所示。

```
mysql> HELP 'create database';
+----------------+-----------------------------------------------------
-------------------------------------------------------------------------
-------------------------------------------------------------------------
-----+---------+
| name           | description


   | example |
+----------------+-----------------------------------------------------
-------------------------------------------------------------------------
-------------------------------------------------------------------------
-----+---------+
| CREATE DATABASE | Syntax:
CREATE {DATABASE | SCHEMA} [IF NOT EXISTS] db_name
    [create_specification] ...

create_specification:
    [DEFAULT] CHARACTER SET [=] charset_name
  | [DEFAULT] COLLATE [=] collation_name

CREATE DATABASE creates a database with the given name. To use this
statement, you need the CREATE privilege for the database. CREATE
SCHEMA is a synonym for CREATE DATABASE.

URL: http://dev.mysql.com/doc/refman/5.7/en/create-database.html


   |        |
+----------------+-----------------------------------------------------
-------------------------------------------------------------------------
-------------------------------------------------------------------------
-----+---------+
1 row in set
```

图2-55　查看CREATE DATABASE语法

【例2-7】修改数据库nevmdb2，设置默认字符集和校对规则。

```
mysql>alter database nevmdb2
    ->default character set gbk
    ->default collate gbk_chinese_ci;
```

返回结果如图2-56所示。

```
mysql> alter database nevmdb2
    -> default character set gbk
    -> default collate gbk_chinese_ci;
Query OK, 1 row affected (0.01 sec)

mysql>
```

图2-56　修改数据库

查看修改后的数据库信息，返回结果如图2-57所示。

```
mysql> SHOW CREATE DATABASE nevmdb2;
+----------+--------------------------------------------------------------------+
| Database | Create Database                                                    |
+----------+--------------------------------------------------------------------+
| nevmdb2  | CREATE DATABASE `nevmdb2` /*!40100 DEFAULT CHARACTER SET gbk */ |
+----------+--------------------------------------------------------------------+
1 row in set (0.04 sec)
```

图2-57　查看修改后的数据库

任务 2.4　MySQL 错误代码和消息

任务描述

在使用 MySQL 的过程中，难免会遇到各种各样的错误提示，如何根据这些提示获取有用信息来解决问题显得非常重要。

技术要点

1. 服务器端错误代码和消息

在 MySQL 的使用过程中会遇见很多错误，比如由于操作系统引起的，文件或者目录不存在引起的，或者 SQL 语句错误引起的。这些错误会有相应的代码：error#、Errcode#。"#"代表具体的错误号。

执行如下语句：

```
mysql>select * from enterprisee;
```

执行结果报错，给出图 2-58 所示的提示。

```
mysql> select * from enterprisee;
1146 - Table 'nevmdb.enterprisee' doesn't exist
mysql>
```

图2-58　服务器端错误提示

默认情况下，服务器端错误提示都是以"1"开头的，如错误代码 1146 表示对象不存在，说明输入的对象在数据库中找不到。检查一下，发现是单词拼写错误，修改如下：

```
mysql>select * from enterprise;
```

返回正确结果，如图 2-59 所示。

```
mysql> select * from enterprise;
+-------------+-------------------+------------+-----------+-----------------------+----------+------------+
| enterpriseid | enterpriseName    | province   | city      | address               | remarks  | deleteFlag |
+-------------+-------------------+------------+-----------+-----------------------+----------+------------+
|           1 | 苏州公交公司        | 江苏省      | 苏州市     | 人民路12号             | NULL     |          0 |
|           2 | 苏州旅游公司        | 江苏省      | 苏州市     | 解放路28号             | NULL     |          0 |
|           3 | 武汉公交公司        | 湖北省      | 武汉市     | 三江路229号            | NULL     |          0 |
|           4 | 合肥公交公司        | 安徽省      | 合肥市     | 皖南路103号            | NULL     |          0 |
|           5 | 济南公交公司        | 山东省      | 济南市     | 泉城路208号            | NULL     |          0 |
|           6 | 长春公交公司        | 吉林省      | 长春市     | 车城路29号             | NULL     |          0 |
|           7 | 福州公交公司        | 福建省      | 福州市     | 长寿路39号             | NULL     |          0 |
|           8 | 广州公交公司        | 广东省      | 广州市     | 花城路126号            | NULL     |          0 |
|           9 | 石家庄公交公司      | 河北省      | 石家庄市   | 华北路36号             | NULL     |          0 |
|          10 | 郑州公交公司        | 河南省      | 郑州市     | 中原路22号             | NULL     |          0 |
|          11 | 苏州汽车服务公司    | 江苏省      | 苏州市     | 苏州工业园区星港街     | NULL     |          0 |
+-------------+-------------------+------------+-----------+-----------------------+----------+------------+
11 rows in set
```

图2-59　返回查询结果

服务器端错误信息来自下述源文件：

① 错误消息信息列在 share/errmsg.txt 文件中。%d 和 %s 分别代表编号和字符串，显示时，它们将被消息值取代。

② 错误值列在share/errmsg.txt文件中，用于生成include/mysqld_error.h和include/mysqld_ername.h MySQL源文件中的定义。

③ SQLSTATE值列在share/errmsg.txt文件中，用于生成include/sql_state.h MySQL源文件中的定义。

由于更新很频繁，这些文件中可能包含这里未列出的额外错误消息。

2. 查看错误代码

可以使用perror命令查看错误代码的详细内容。

perror命令是MySQL的一个很有用的工具，它可以帮助用户查找错误信息。perror.exe工具默认位于C:\Program Files (x86)\MySQL\MySQL Server 5.7\bin目录下。可以通过命令行定位到该目录下，然后执行该命令；也可以直接把C:\Program Files (x86)\MySQL\MySQL Server 5.7\bin路径加入系统环境变量PATH的后边，以后直接在命令行下就可以运行perror命令了。

perror命令的格式如下：

```
perror 错误代码
```

单元小结

本单元主要介绍了MySQL数据库的基础知识，包括创建、打开、查看、修改、删除数据库等基本操作，这些操作都是进行数据库管理与开发的基础。本单元还介绍了有关存储引擎的基础知识。需要注意的是MySQL安装方式不同，默认选择的存储引擎可能不同。存储引擎的选择需要根据系统的实际情况进行，必要时可以选择多种存储引擎，以实现最优化。

课后习题

操作题

1. 自行在计算机中安装MySQL以及Navicat for MySQL。
2. 使用图形化向导创建数据库testdb1。
3. 通过命令行创建数据库testdb2。
4. 查看系统已经存在的所有数据库。
5. 删除数据库testdb2。

单元3
数据表的基本操作

数据库中最核心的存储对象就是数据表。物理数据的存储就是通过数据表实现的。数据表的操作包含设计数据表，对数据表中的记录进行添加、修改、删除。

▊ 学习目标

【知识目标】
- 了解常用数据类型。
- 理解约束的用途。
- 理解存储引擎的作用。

【能力目标】
- 能够创建数据表。
- 能够修改、删除数据表。
- 能够设置各种约束条件。

▊ 任务 3.1　数据类型

任务描述

数据表在结构上包含多个字段。在MySQL中的每一个字段都有特定的数据类型，比如，学生成绩86是一个数值型数据，学生姓名"张三"是一个字符型数据。创建数据表时首先要确定的就是数据表中每个属性所对应的数据类型。

技术要点

1. 数值型数据

在MySQL中，数值型数据主要分为两大类：一类是整数类型，另一类是浮点数类型。

（1）整数类型

整数类型有TINYINT、SMALLINT、MEDIUMINT、INT和BIGINT。这些类型的主要区别是它们存储的值的大小不同，如表3-1所示。

表 3-1　整数类型

数据类型	存储长度	数 值 范 围 （有符号）	数 值 范 围 （无符号）	说 明
TINYINT	1字节	(-128, 127)	(0, 255)	微小整数值
SMALLINT	2字节	(-32 768, 32 767)	(0, 65 535)	小整数值
MEDIUMINT	3字节	(-8 388 608, 8 388 607)	(0, 16 777 215)	中整数值
INT	4字节	(-2 147 483 648, 2 147 483 647)	(0, 4 294 967 295)	大整数值
BIGINT	8字节	(-9 223 372 036 854 775 808 , 9 223 372 036 854 775 807)	(0, 18 446 744 073 709 551 615)	极大整数值

（2）浮点数类型

浮点数类型有 FLOAT、DOUBLE 和 DECIMAL。这些类型的主要区别是它们存储的值的大小不同，如表 3-2 所示。

表 3-2　浮点数类型

数据类型	存 储 长 度	数 值 范 围 （有符号）	数 值 范 围 （无符号）	说 明
FLOAT	4字节	(-3.402 823 466 E+38, -1.175 494 351 E-38)、 0、(1.175 494 351 E-38, 3.402 823 466 351 E+38)	0、(1.175 494 351 E-38、3.402 823 466 E+38)	单精度浮点数值
DOUBLE	8字节	(-1.797 693 134 862 315 7 E+308, -2.225 073 858 507 201 4 E-308)、0、(2.225 073 858 507 201 4 E-308, 1.797 693 134 862 315 7 E+308)	0、(2.225 073 858 507 201 4 E-308, 1.797 693 134 862 315 7 E+308)	双精度浮点数值
DECIMAL	对DECIMAL(M,D)，如果M>D，则为M+2 否则为D+2	依赖于 M 和 D 的值	依赖于 M 和 D 的值	小数值

对于浮点类型数据，如果插入的数据值的精度高于实际定义的精度，系统会自动进行四舍五入处理，使值的精度达到要求，FLOAT 和 DOUBLE 类型四舍五入时不会报错，但 DECIMAL 会有警告提示。如果对精度的要求比较高，如保存货币或者科学数据等，使用 DECIMAL 类型会比较安全。选择数值型时一般选择最小的可用类型。

2. 日期时间类型

日期时间类型有 DATE、TIME、YEAR、DATETIME 和 TIMESTAMP，如表 3-3 所示。

表 3-3　日期时间类型

数据类型	存储长度	取 值 范 围	格　　式	说 明
DATE	3字节	1000-01-01/9999-12-31	YYYY-MM-DD	日期值
TIME	3字节	'-838:59:59'/'838:59:59'	HH:MM:SS	时间值或持续时间

续表

数据类型	存储长度	取 值 范 围	格　　式	说　明
YEAR	1字节	1901/2155	YYYY	年份值
DATETIME	8字节	1000–01–01 00:00:00/9999–12–31 23:59:59	YYYY–MM–DD HH:MM:SS	混合日期和时间值
TIMESTAMP	4字节	1970–01–01 00:00:00/2038结束时间是第 2 147 483 647 秒，北京时间 2038-1-19 11:14:07，格林尼治时间 2038 年 1 月 19 日 凌晨 03:14:07	YYYYMMDD HHMMSS	混合日期和时间值、时间戳

3．字符串类型

字符串类型有 CHAR、VARCHAR、TINYTEXT、TEXT、MEDIUMTEXT 和 LONGTEXT，如表3–4所示。

表 3–4　字符串类型

数 据 类 型	存 储 长 度	取值范围	说　　明
CHAR(n)	n字节	1～255	固定长度字符串
VARCHAR(n)	输入字符串实际长度+1	0～65 535	可变长字符串
TINYTEXT	值得长度+2字节	0～255	短文本字符串
TEXT	值得长度+2字节	0～65 535	长文本字符串
MEDIUMTEXT	值得长度+2字节	0～16 777 215	中等长度文本字符串
LONGTEXT	值得长度+2字节	0～4 294 967 295	极大文本字符串

使用字符串类型时，如果强调速度，那么可以选择固定的列，如使用CHAR类型；如果强调节省空间，那么使用变长的列，如使用VARCHAR类型。

4．二进制类型

二进制类型有 bit、Binary、Varbinary 等，如表3–5所示。

表 3–5　二进制类型

数据类型	存储长度	取 值 范 围	说　　明
bit(n)	n位二进制	n最大值为64，默认值为1	如果长度小于n位，则在值的左边补0
Binary(n)	n字节		固定长度二进制字符串，若输入数据长度超过n指定的值，则超出部分将被截断
Varbinary(n)	n+1字节		可变长二进制字符串

5．序列类型

数据库中很多数据需要使用唯一的编号来作为标识，比如商场营业流水单号、故障数据编号等。在MySQL中，可以通过AUTO_INCREMENT属性自动生成一组序列号来实现。

在实际使用过程中，最常用的数据类型如下：

① double：浮点型，如double(6,2)表示最多表示6位，其中必须有2位小数，所以最大值为9999.99。

② char：固定长度字符串类型，如char(10)，'abc'。

③ varchar：可变长字符串类型，如varchar(10)，'abc'。

④ text：字符串类型。

⑤ blob：二进制类型。

⑥ date：日期类型，格式为yyyy-MM-dd。

⑦ time：时间类型，格式为hh:mm:ss。

⑧ datetime：日期时间类型，格式为yyyy-MM-dd hh:mm:ss。

注意：在选择数据类型时，一般采用从小原则，比如能用TINY INT的最好就不用INT，能用FLOAT类型的就不用DOUBLE类型，这样会提升MySQL的运行效率，尤其是系统数据量比较大的情况下。另外，一个汉字占多少长度与编码有关，如果是UTF-8，那么一个汉字占3字节；如果是GBK，那么一个汉字占2字节。

任务 3.2　创建数据表

视频

任务 3.2　创建数据表

任务描述

数据库中的数据是存储在数据表中的。创建数据表就是在已经存在的数据库中建立一个新表，实际上就是根据业务要求设置数据表中字段的属性和约束过程。

技术要点

1. 数据表的结构

数据表是包含数据库所有数据的数据库对象。数据表的结构与Excel表格类似。如图3-1所示，拥有行（Row）和列（Column），一行代表一条记录（Record），一列代表一个字段（Field）。存放数据之前必须先定义表的结构，就是要确定表里包含有哪些字段，不同字段对应的数据类型、长度、精度、是否允许空值、是否要设置默认值，是否要设置为主键等。只有了解业务上的具体要求，才可以去创建数据表。

enterpriseName	province	city	address
苏州公交公司	江苏省	苏州市	人民路12号
苏州旅游公司	江苏省	苏州市	解放路28号
武汉公交公司	湖北省	武汉市	三江路229号
合肥公交公司	安徽省	合肥市	皖南路103号
济南公交公司	山东省	济南市	泉城路208号
长春公交公司	吉林省	长春市	车城路29号
福州公交公司	福建省	福州市	长寿路39号
广州公交公司	广东省	广州市	花城录126号
石家庄公交公司	河北省	石家庄市	华北路36号
郑州公交公司	河南省	郑州市	中原路22号
苏州汽车服务公司	江苏省	苏州市	苏州工业园区星港街

图3-1　数据表样式

2. 表的命名

表的名称一般用英文单词组合或者英文单词简写来表示，可以包含下画线和美元符号，最多能包含64个字符。

3. 语法结构

在 MySQL 中，通过 Create Table 语句创建数据表。语法结构如下：

```
Create Table table_name
(
    字段名    数据类型 [约束条件],
    字段名    数据类型 [约束条件],
    ……
    字段名    数据类型 [约束条件],
)
```

语法说明：

① table_name：要创建的数据表的名称。

② 字段名：一般用英文单词或者英文单词的缩写组合，不能包含关键字（如 ASC、SELECT、CREATE 等），字段名要反映数据的属性。

③ 数据类型：决定字段所代表何种形式的数据，指定数据类型可以限制字段中可以输入的数据类型和长度，以保证数据的完整性。

④ 约束条件：可选项，指定字段的各种约束条件。

注意：创建数据表时，首先要选择相应的数据库，将数据表创建在指定的数据库中，同时数据表的名称不能与系统关键字相同。

4. 约束条件

（1）主键

主键也称主码，是数据表中特殊的字段组合，它能够唯一标识数据表中的每条记录。在一个数据表中，不同记录的主键是不可以相同的，也不能为空值。主键相当于数据表的唯一身份证号。主键可以只有一个字段，也可以是多个字段的组合。

将一个字段设置成主键时，语法规则如下：

```
字段名    数据类型    Primary Key
```

将多个字段同时设置成主键时，语法规则如下：

```
Primary Key(字段1, 字段2, ..., 字段n)
```

注意：一个数据表中只可以有一个主键，但一个主键可以包含多个字段。

（2）外键

外键是相对于主键而言的。通过将一个表中的主键字段在另外一个表中设置成外键，可以实现两个数据表之间的关联关系。语法规则如下：

```
Constraint 外键名 Foreign key(字段1, 字段2, ..., 字段n) References 表名 (字段
1, 字段2, ..., 字段n)。
```

注意：在设置外键时，必须保证外键字段所对应的父表已经创建好了。一个表中的外键可以为一个，也可以为多个。外键值可以为空值。如果外键值不为空，则每一个外键值必须是另一个表（父表）中的主键值。

对于两个关联表，相关联字段中主键所在的表称为父表，也就是主表；外键所在的表称为从表，也就是子表。

（3）非空

非空约束是指字段的值不能为空值，必须有相应的数据值。语法规则如下：

字段名 数据类型 Not Null

如果字段值可以为空值，那么可以用Null来指定，也可以省略Null。

（4）唯一性

唯一性是指该字段值在所有记录中都不能重复，但能出现一个空值。比如，存储身份证号码的字段就不能有重复值出现。语法规则如下：

字段名 数据类型 Unique

（5）默认值

默认值是指向一个表中插入记录时，如果没有给某个字段赋值，系统会自动为这个字段添加一个指定的值。语法规则如下：

字段名 数据类型 Default 默认值

在设计数据表时，如果某个字段取某个特定值的比例非常大，那么可以为其设置默认值，用户在输入此数据时如果要输入的值与默认值一样，就可以不输入。

（6）自增

自增字段主要是为表中的记录添加自动生成的ID。默认情况下，该字段值从1开始自增。语法规则如下：

字段名 数据类型 Auto_increment

（7）新能源汽车项目数据表设计

新能源汽车项目数据表具体如表3-6～表3-17所示。

表3-6 enterprise 注册公司表

字 段 名	数据类型	约束条件	含 义
enterpriseid	bigint	自增、主键	流水ID
enterpriseName	varchar	100	企业名称
province	varchar	30	所属省份
city	varchar	50	地级市
address	varchar	200	详细地址
remarks	varchar	255	备注
deleteFlag	int	11	删除标记

表3-7 motorcade 车队表

字 段 名	数据类型	约束条件	含 义
motorCadeID	int	自增、主键	车队ID
motorCadeName	varchar	50	车队

续表

字 段 名	数据类型	约束条件	含 义
enterpriseid	int	11	所属企业 ID
remarks	varchar	255	备注
deleteFlag	int	11	删除标记

表 3-8 vehicle 车辆表

字 段 名	数据类型	约束条件	含 义
vehicleID	int	自增、主键	流水 ID
szVIN	varchar	30	车架号
iccid	varchar	100	车载终端编号
plateNumber	varchar'	20	车牌号
motorCadeID	int	11	所属车队 ID
remarks	varchar	255	备注
deleteFlag	int	11	删除标记

表 3-9 batteryInfo 燃料电池数据表

字 段 名	数据类型	约束条件	含 义
batteryInfoID	bigint	自增、主键	流水 ID
szVIN	varchar	20	车架号
sTime	varchar	20	实时时间
wBattery_Voltage	float		燃料电池电压
wBattery_Current	float		燃料电池电流
wFuel_Cnsumption_Rate	float		燃料消耗率
wMax_Temperature	float		氢系统中最高温度
wMax_Hydrogen_Concentration	float		氢气最高浓度
wMax_Hydrogen_Pressure	float		氢气最高压力

表 3-10 engineInfo 发动机数据表

字 段 名	数据类型	约束条件	含 义
engineInfoID	bigint	自增、主键	流水 ID
szVIN	varchar	20	车架号
sTime	varchar	20	实时时间
wCrankshaft_Speed	smallint	5	曲轴转速
wFuel_Consumption_Rate	float	0	燃料消耗率

表 3-11　maxMumInfo 极值数据表

字 段 名	数据类型	约束条件	含 义
maxMumInfoID	bigint	自增、主键	流水 ID
szVIN	varchar	20	车架号
sTime	varchar	20	实时时间
wBattery_Cell_Max_Voltage	float	0	电池单体电压最高值
wBattery_Cell_Min_Voltage	float	0	电池单体电压最低值
wProbe_Max_T	float	6	最高温度值
wProbe_Min_T	float	6	最低温度值

表 3-12　motorInfo 驱动电机数据

字 段 名	数据类型	约束条件	含 义
motorInfoID	bigint	自增、主键	流水 id
szVIN	varchar	20	车架号
sTime	datetime	20	实时时间
bMotor_Controller_Temperature	float	0	驱动电机控制器温度
wMotor_Speed	float	0	驱动电机转速
wMotor_Torque	float	0	驱动电机转矩
bMotor_Temperature	float	0	驱动电机温度
wMotor_Voltage	float	0	电机控制器输入电压
wMotor_Current	float	0	电机控制器直流母线电流

表 3-13　vehicleInfo 整车数据

字 段 名	数据类型	约束条件	含 义
vehicleInfoID	bigint	自增、主键	流水 id
szVIN	varchar	20	车架号
sTime	datetime	20	实时时间
bVehicle_Status	varchar	10	车辆状态
bCharge_Status	varchar	10	充电状态
bRunning_Mode	Varchar	10	运行模式
wVehicle_Speed	float	0	车辆速度
dAccumulatedMileage	float	0	累计里程
wTotal_Voltage	float	0	总电压
wTotal_Current	float	0	总电流
bSOC	tinyint	3	电池荷电状态

续表

字 段 名	数据类型	约束条件	含 义
bDCDC_Status	Varchar	10	DCDC 状态
bGear	varchar	10	档位
bResPositive	smallint	5	绝缘电阻，0~60 000，1 KΩ
bAccPedal	varchar	10	加速踏板行程值
bBrkPedal	varchar	10	制动踏板状态，0~100，1%

表 3-14　vehicleLocation 车辆位置表

字 段 名	数据类型	约束条件	含 义
vehicleLocationID	bigint	自增、主键	流水 ID
szVIN	varchar	20	车架号
sTime	varchar	20	实时时间
dLatitude	float	10	纬度
dLongitude	float	10	经度

表 3-15　warnningInfo 报警数据

字 段 名	数据类型	约束条件	含 义
warnningInfoID	bigint	自增、主键	流水 ID
szVIN	varchar	20	车架号
sTime	varchar	20	实时时间
bBattery_Error_Code	varchar	10	动力蓄电池故障码
bMotor_Error_Code	varchar	10	驱动电机故障码
bEngine_Error_Code	varchar	10	发动机故障码

表 3-16　loginoutInfo 在线离线数据表

字 段 名	数据类型	约束条件	含 义
logID	bigint	自增、主键	流水 ID
szVIN	varchar	20	车架号
sTime	varchar	20	实时时间
bOnline	varchar	2	在线状态：0-在线，1-离线

表 3-17　fcode 故障码表

字 段 名	数据类型	约束条件	含 义
id	int	自增、主键	流水 ID
faultCode	varchar	50	故障码

续表

字 段 名	数据类型	约束条件	含　义
faultName	varchar	50	故障名称
faultLevel	varchar	10	故障等级
faultType	varchar	50	故障类型
faultDes	varchar	100	故障描述
faultSuggestion	Varchar	255	维修建议

任务实施

【例3-1】创建一个企业表，包含企业ID、企业名称、所在省份地级市、地址，删除标志位、备注信息。企业ID字段不能为空、自动增长，并且设置为主键，企业名称不能为空。

实现代码如下：

```
CREATE TABLE enterprise (
  enterpriseID int(11) NOT NULL AUTO_INCREMENT,
  enterpriseName varchar(100) NOT NULL,
  province varchar(30),
  city varchar(30),
  address varchar(200),
  deleteFlag int(11),
  remarks varchar(255),
  PRIMARY KEY ('enterpriseID')
)
```

【例3-2】创建一个车队表，包含车队ID、车队名称、所在企业ID、删除标志位、备注信息。车队ID设置为主键，企业ID设置为外键。

实现代码如下：

```
CREATE TABLE motorcade (
  motorCadeID int(11) NOT NULL AUTO_INCREMENT,
  motorCadeName varchar(50) NOT NULL,
  enterpriseID int(11),
  deleteFlag int(11) DEFAULT NULL,
  remarks varchar(255) DEFAULT NULL,
  PRIMARY KEY ('motorCadeID'),
  FOREIGN KEY(enterpriseID) References enterprise(enterpriseID)
)
```

【例3-3】使用Navicat for MySQL工具创建车辆表，包含车辆ID、终端号、车架号、车牌号、所在车队ID、删除标志位、备注信息。

操作步骤如下：

①在相应的数据库节点下右击"表"节点，在弹出的快捷菜单中选择"新建表"命令，如图3-2所示。

②在打开的表设计窗口中，输入字段名，选择合适的数据类型，设置是否可以为空，设置相关约束条件，如图3-3所示。

图3-2　新建表

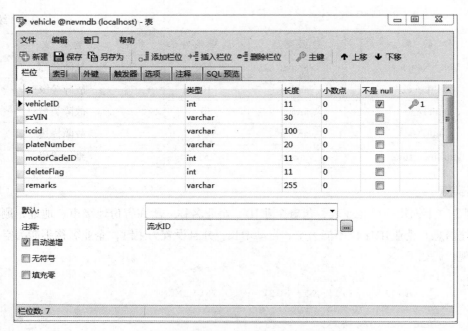

图3-3 设计表结构

③定义好所有字段后，单击"保存"按钮，在弹出的对话框中输入表名，如图3-4所示，单击"确定"按钮。至此，车辆表定义完成。

图3-4 保存数据表

任务 3.3 查看数据表

任务描述

数据表创建后，可以继续查看表结构，以确定数据表的定义是否正确。

技术要点

1. 查看所有数据表

数据表创建好以后，数据库下面的表对象中会自动显示已经创建好的数据表，如图3-5所示。

也可以使用如下语句在命令行窗口中查看创建好的数据表。

```
SHOW TABLES;
```

返回结果如图3-6所示。

图3-5 已有数据表

图3-6 查看所有数据表

2. 查看数据表基本结构

可以使用DESCRIBE语句查看数据表的所有字段、字段的数据类型、各种约束条件等。语法规则如下：

```
DESCRIBE 数据表;
```

注意：DESCRIBE可以简写成DESC。

3. 查看数据表详细结构

可以使用SHOW CREATE TABLE语句查看数据表的详细信息。语法规则如下：

```
SHOW CREATE TABLE 表名;
```

任务实施

【例3-4】查看企业表的基本结构信息。

在命令行界面输入DESCRIBE enterprise;，返回结果如图3-7所示。

```
mysql> DESCRIBE enterprise;
+----------------+--------------+------+-----+---------+----------------+
| Field          | Type         | Null | Key | Default | Extra          |
+----------------+--------------+------+-----+---------+----------------+
| enterpriseid   | bigint(20)   | NO   | PRI | NULL    | auto_increment |
| enterpriseName | varchar(100) | YES  |     | NULL    |                |
| province       | varchar(30)  | YES  |     |         |                |
| city           | varchar(50)  | YES  |     | NULL    |                |
| address        | varchar(200) | YES  |     | NULL    |                |
| remarks        | varchar(255) | YES  |     | NULL    |                |
| deleteFlag     | int(10)      | YES  |     | 0       |                |
+----------------+--------------+------+-----+---------+----------------+
7 rows in set
```

图3-7 数据表基本结构信息

【例3-5】查看车辆表的详细结构信息。

在命令行界面输入 SHOW CREATE TABLE vehicle;，返回结果如图3-8所示。

【例3-6】查看 nevmdb 数据库中所有数据表。

在命令行界面输入 SHOW TABLES;，返回结果如图3-9所示。

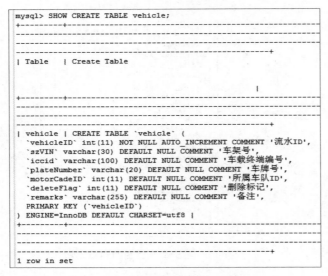

图3-8 数据表详细结构信息

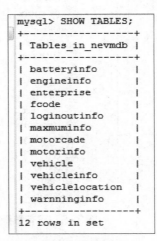

图3-9 显示所有数据表

任务3.4 修改、删除数据表

任务描述

修改数据表是对已经存在的数据表的结构进行重新定义，可以通过 Alter Table 语句修改，包括修改字段的数据类型、增加新字段、删除已有字段等。删除表是删除数据库中已经存在的数据表，删除数据表的同时会删除数据表中所有数据，可以通过 Drop Table 语句实现。

技术要点

1. 修改数据表

修改数据表时可以通过 Alter Table 语句对原有数据表中的字段数据类型、约束进行修改，也可以添加字段和删除字段。

（1）修改数据类型

修改字段数据类型的语法规则如下：

```
Alter Table 表名 Modify 字段名 数据类型
```

（2）增加字段

增加字段的语法规则如下：

```
Alter Table 表名 Add 字段名 数据类型 约束条件
```

（3）删除字段

删除字段的语法规则如下：

```
Alter Table 表名 Drop 字段名
```

注意：删除字段时，该字段不能被其他数据表所引用，否则不能删除。

2. 删除数据表

可以使用 Drop Table 语句删除没有被其他数据表关联的数据表。语法规则如下：

```
Drop Table 表名
```

删除数据表时，表中记录一同被删除。

注意：如果两个数据表之间存在关联关系，那么将不能直接删除父表，否则提示失败，因为直接删除父表破坏了数据表之间的参照完整性。如果确实需要删除，必须将主表和父表一起删除，而且要先删除子表。当然，如果要保留子表，那么可以先删除父表与子表之间的关联关系，然后再删除原来的父表。

3. 修改字段排序

对于创建好的数据表，可以根据实际需要调整表中字段的排列顺序。语法规则如下：

```
ALTER TABLE 表名 MODIFY 字段1 数据类型 FIRST|AFTER 字段2
```

语法说明：

① FIRST：将字段 1 设置为数据表的第一个字段。

② AFTER：将字段 1 放到字段 2 后面。

4. 修改数据表名称

可以使用 ALTER TABLE 语句修改表的名称。语法规则如下：

```
ALTER TABLE <原表明> RENAME [TO] <新表名>
```

注意：TO 为可选参数。

5. 删除外键约束

表之间的外键约束关系，如果不再需要，可以将其删除，删除后，两个表之间的关联关系将自动解除。语法规则如下：

```
ALTER <表名> DROP FOREIGN KEY <外键约束名>
```

任务实施

【例 3-7】修改企业表，将该表中的备注字段数据类型的长度修改为 200。

实现代码如下：

```
Alter Table enterprise
Modify remarks varchar(200)
```

修改后，通过 DESC enterprise;语句查看表结构，如图 3-10 所示。

【例 3-8】删除测试表 testtb。

实现代码如下：

```
Drop Table testtb
```

```
mysql> DESC enterprise;
+----------------+--------------+------+-----+---------+----------------+
| Field          | Type         | Null | Key | Default | Extra          |
+----------------+--------------+------+-----+---------+----------------+
| enterpriseID   | int(11)      | NO   | PRI | NULL    | auto_increment |
| enterpriseName | varchar(100) | NO   | UNI |         |                |
| province       | varchar(30)  | YES  |     | NULL    |                |
| city           | varchar(30)  | YES  |     | NULL    |                |
| address        | varchar(200) | YES  |     | NULL    |                |
| remarks        | varchar(200) | YES  |     | NULL    |                |
| deleteFlag     | int(11)      | YES  |     | NULL    |                |
+----------------+--------------+------+-----+---------+----------------+
7 rows in set (0.04 sec)
```

图3-10 修改后的表结构

【例3-9】通过Navicat修改数据表vehicle。

选择要修改的数据表vehicle，右击，在弹出的快捷菜单中选择"设计表"命令，如图3-11所示。在设计窗口中，对相关字段进行重新设定属性，然后保存即可，如图3-12所示。

图3-11 修改表1

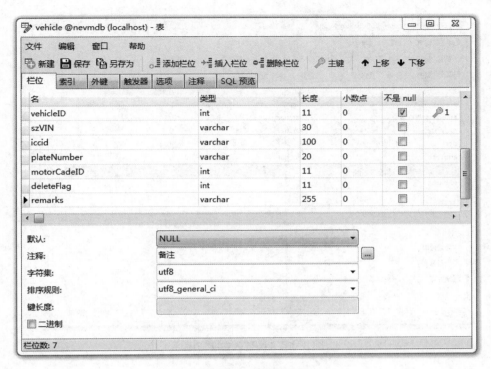

图 3-12　修改表 2

【例 3-10】修改企业表，将该表中的 deleteFlag 字段放到表的最后。

实现代码如下：

```
ALTER TABLE enterprise MODIFY deleteFlag INT(11) AFTER remarks;
```

执行完成后，使用 DESC enterprise 查看，结果如图 3-13 所示。

```
mysql> ALTER TABLE enterprise MODIFY deleteFlag INT(11) AFTER remarks;
Query OK, 0 rows affected
Records: 0  Duplicates: 0  Warnings: 0

mysql> desc enterprise;
+----------------+--------------+------+-----+---------+----------------+
| Field          | Type         | Null | Key | Default | Extra          |
+----------------+--------------+------+-----+---------+----------------+
| enterpriseid   | bigint(20)   | NO   | PRI | NULL    | auto_increment |
| enterpriseName | varchar(100) | YES  |     | NULL    |                |
| province       | varchar(30)  | YES  |     |         |                |
| city           | varchar(50)  | YES  |     | NULL    |                |
| address        | varchar(200) | YES  |     | NULL    |                |
| remarks        | varchar(255) | YES  |     | NULL    |                |
| deleteFlag     | int(11)      | YES  |     | NULL    |                |
+----------------+--------------+------+-----+---------+----------------+
7 rows in set
```

图 3-13　查看表结构

　　也可以直接打开企业表到设计状态，选择 deleteFlag，右击，在弹出的快捷菜单中选择"下移"命令，如图 3-14 所示，就可以将 deleteFlag 字段调整到最后。

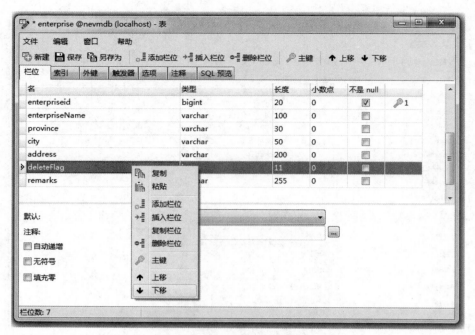

图 3-14   调整表中字段顺序

【例 3-11】修改测试表 test，将其名称修改为 test2。

实现代码如下：

```
ALTER TABLE test rename test2
```

■ 单元小结

数据库只是一个容器，数据表才是数据库核心的对象。良好的数据表设计有利于系统的维护与扩展。

■ 课后习题

操作题

1. 使用 SQL 语句创建一个存放发动机信息的数据表，字段包含发动机数据 ID、车架号、实时时间、转速、燃烧率。

2. 使用 Navicat 工具创建一个存放驱动电机信息的数据表，字段包含驱动机数据 ID、车架号、实时时间、控制温度、转速、扭矩、温度、电压、电流。

3. 使用 SQL 语句创建电池表、发动机信息表。

4. 使用 Navicat 创建位置表、在线离线表。

单元4
数据查询

数据查询就是从数据库中获取数据，它是数据库中最重要、最常用的操作。在车联网数据库中创建了数据表，并且在数据表中添加了多条记录，现在用户需要从数据库中查询所有车辆信息、每个车辆的运行状态信息等。在MySQL中可以使用SELECT查询语句进行数据的查询操作。

▶ 学习目标

【知识目标】
- 理解查询语法。
- 理解数据的统计。

【能力目标】
- 能够熟练从单个数据表中查询数据。
- 能够熟练从多个数据表中查询数据。
- 能够熟练使用嵌套查询从多个数据表中查询数据。
- 能够熟练对查询结果进行排序、分组统计。

▌ 任务 4.1　单表查询

任务描述

数据的查询是数据库中最核心、最基本的功能，主要是针对已存在的数据，根据一定的筛选条件进行数据的检索。在本任务中，需要利用SELECT语句从单个数据表中查询数据，并且对查询出的数据进行格式化处理。

视频

任务4.1　单表查询

技术要点

1. SELECT语句语法

SELECT语句是数据库中使用最频繁的操作语句，也是T-SQL语言的基础，可以利用它从数据库中获取数据。其语法格式如下：

```
SELECT Select_list
FROM Table_list
[WHERE Condition_list]
[GROUP BY Group_by_list]
```

```
[ORDER BY order_list[ASC|DESC]]
LIMIT n
```

语法说明：

- Select_list：用户希望在查询结果中返回的列。
- Table_list：提供数据的表、视图或者函数。
- Condition_list：查询条件。
- GROUP BY：根据 Group_by_list 列中的值将结果集分组。
- ORDER BY：指定对结果集进行排序，ASC 和 DESC 指定按排序关键字分别进行升序或降序排序，ASC 是默认的。
- LIMIT n：指定返回的记录个数。

在查询数据源时，实际上是对数据源中的记录按条件进行筛选，判断是否有满足条件要求的数据，如果符合条件，则将该条记录提取出来，查询结束后，所有符合条件的记录将被组织到一起，成为结果集。

2．Select 语句规范

在 MySQL 查询中涉及的关键字、函数一般都是用大写，数据库名称、表名称、字段名称全部小写，语句结尾以分号结束。这样既可以规避一些不必要的错误，也可以提高 SQL 程序的可读性和可维护性。

任务实施

【例4-1】从表中查询出车辆的相关数据信息并排序。

在车辆表（vehicle）中存储了车联网系统中所有的车辆基本信息，现在需要从该表中查询出车辆的数据采集端口号 iccid、车架号 szVIN、车牌号 plateNumber，要求字段名用中文显示，查询结果按车架号升序排序。

分析：本例主要要求，从表中获取 3 个字段，分别是 iccid、szVIN、plateNumber，然后为每个字段取别名，最后对查询结果集进行升序排序。

①从表中提取 3 个字段，不同字段之间用逗号分隔，使用关键字 AS 为其指定中文别名，或者在字段或者表达式后面直接写出表达式的别名。

②每个查询必须指定所查数据的来源，数据源可以是数据表、视图，也可以是函数。这里所要查询的数据都来自于车辆表。

③为了让用户更直观地获取查询结果，一般需要对查询结果进行再次格式化处理，如排序、分组等。本例需要将车辆信息按车架号升序排序，所以在查询语句的结尾需要加上 ORDER BY szVIN ASC。

完整的查询语句如下：

```
SELECT iccid 端口号,szVIN 车架号,plateNumber 车牌号
FROM vehicle
ORDER BY szVIN ASC
```

查询返回结果如图4-1所示。

端口号	车架号	车牌号
1001	LHB12345678910001	苏E10001
1002	LHB12345678910002	苏E10002
1003	LHB12345678910003	苏E10003
1004	LHB12345678910004	苏E10004
1005	LHB12345678910005	苏E10005
1006	LHB12345678910006	苏E10006
1007	LHB12345678910007	苏E10007
1008	LHB12345678910008	苏E10008
1009	LHB12345678910009	苏E10009
1010	LHB12345678910011	苏E10010
1011	LHB12345678910012	苏E10011
2001	LHB12345678920001	苏E20001
2002	LHB12345678920002	苏E20002
2003	LHB12345678920003	苏E20003
2004	LHB12345678920004	苏E20004
2005	LHB12345678920005	苏E20005
2006	LHB12345678920006	苏E20006
2007	LHB12345678920007	苏E20007

图4-1　查询车辆表部分列

有时候，还可以将一些比较复杂的查询语句保存下来，直接单击"保存"按钮，或者按Ctrl+S组合键，在弹出的"查询名"对话框中输入查询名称即可，如图4-2所示。在一个脚本中写多个查询时，可以通过按Ctrl+/组合键将暂时不用的查询注释掉。

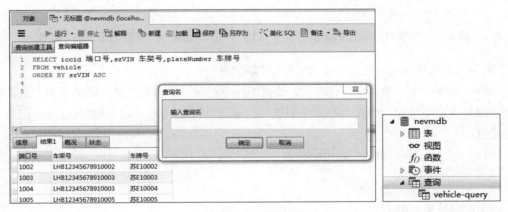

图4-2　保存查询

注意： 如果某个查询需要从表中获取所有字段信息，那么可以使用"*"代替所有字段。

```
SELECT *
FROM vehicle
ORDER BY szVIN ASC
```

【例4-2】在燃料电池信息表batteryinfo中查询出所有车辆的车架号。

如果直接使用如下语句进行查询：

```
SELECT szVIN
FROM batteryinfo
```

会得到图4-3所示的查询结果。

查询结果中含有大量的重复记录。为了避免这种情况，需要对查询结果进行重复记录的过滤，可以通过关键字DISTINCT来完成。查询语句如下：

```
SELECT DISTINCT szVIN
FROM batteryinfo
```

查询返回结果如图4-4所示。

szVIN
LHB123456789 10001
LHB123456789 10001
LHB123456789 10001
LHB123456789 10001
LHB123456789 10001
LHB123456789 10001
LHB123456789 10001
LHB123456789 10001
LHB123456789 10001
LHB123456789 10002
LHB123456789 10001
LHB123456789 10002
LHB123456789 10002
LHB123456789 10001
LHB123456789 10002

图4-3　有重复记录的车架号

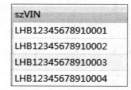

szVIN
LHB123456789 10001
LHB123456789 10002
LHB123456789 10003
LHB123456789 10004

图4-4　无重复记录的车架号

【例4-3】从车辆表vehicle中查询出6个车辆信息。

分析：如果表中记录太多，有时不需要返回所有记录，只需要限制返回的记录个数。可以在查询语句的末尾添加LIMIT语句来限制返回的记录个数，LIMIT n表示限制返回的记录个数不能超过n行。

```
SELECT iccid,szVIN,plateNumber
FROM vehicle
LIMIT 6
```

查询返回结果如图4-5所示。

iccid	szVIN	plateNumber
1001	LHB123456789 10001	苏E10001
1002	LHB123456789 10002	苏E10002
1003	LHB123456789 10003	苏E10003
1004	LHB123456789 10004	苏E10004
1005	LHB123456789 10005	苏E10005
1006	LHB123456789 10006	苏E10006

图4-5　取前6行的查询

同理，要在车辆表vehicle中查询出从第3行开始取连续5条车辆信息，可以使用如下语句：

```
SELECT iccid,szVIN,plateNumber
FROM vehicle
LIMIT 2,5
```

注意：第一条记录的行序号是0。

查询返回结果如图4-6所示。

iccid	szVIN	plateNumber
1003	LHB12345678910003	苏E10003
1004	LHB12345678910004	苏E10004
1005	LHB12345678910005	苏E10005
1006	LHB12345678910006	苏E10006
1007	LHB12345678910007	苏E10007

图4-6　取3~7行查询

任务4.2　单表条件查询

视频

任务4.2　单表条件查询

任务描述

大多数查询需求都是需要相关查询条件的，当查询条件有多个时，不同条件之间需要使用逻辑运算符AND（逻辑并）、OR（逻辑或）、NOT（非）连接，其中NOT优先级最高，AND次之，OR最低。这3个关键字同时使用时需要灵活应用括号，将某些条件变成一个整体。

技术要点

1. 逻辑运算符

当WHERE子句中使用AND、OR、NOT时，需要保证筛选条件的无歧义，保证查询目的的明确性。

① AND：当运算符左右所给条件都为真时，值为真。

② OR：当运算符左右所给条件至少有一个为真时，值为真。

③ NOT：非，取反。

2. 查询条件

查询条件有多种，常见查询条件如表4-1所示。

表4-1　常见查询条件

查询条件	运算符	意义
比较	=、>、<、>=、<=、<>、!>、!<=，NOT加上述字符	比较大小
确定范围	BETWEEN...AND 和 NOT BETWEEN...AND	判断条件值是否在否某个范围内

续表

查询条件	运　算　符	意　　义
确定集合	IN，NOT IN	判断条件值是否为列表中列出的值
字符匹配	LIKE，NOT LIKE	判断条件值是否与指定的字符通配格式相符
空值	IS NULL，IS NOT NULL	判断条件值是否为空
多重条件	AND，OR，NOT	用于多重条件的判断

注意：

① motorCadeID=3 OR motorCadeID=4 也可以用确定集合来完成。如 motorCadeID IN (3, 4)，如果要查询不是这两个车队的车辆，可以在 IN 前加上关键词 NOT 取反来完成。

② BETWEEN…AND 用来表示范围，等价于 Z>=x And Z<=y。

③ NULL 不等于空格。空格是客观存在的数据，Null 表示什么都没有。

3. 通配符

在查询数据时，有时不需要输入非常精确的查询条件，但希望系统能够根据简单的条件到数据库中查找出与此相关的一系列数据，这里就需要使用模糊查询，在 SELECT 语句中可以用字符匹配来实现。

常用通配符有以下两种：

① %：代表任意长度的字符串（长度可以是 0）。

例如，a%b 表示以 a 开头以 b 结尾的任意长度的字符串。

② _：下画线，代表任意单个字符。

例如，a_b 表示以 a 开头以 b 结尾长度为 3 的字符串。

4. 正则表达式

正则表达式是用某种模式去匹配一类字符串的一种方式，其查询能力远远在通配字符之上，更加灵活。可以使用 RegExp 来匹配查询正则表达式。

语法格式：

属性名 RegExp'匹配方式'

① 模式字符 "^"：匹配以特定字符串开头的记录。

② 模式字符 "$"：匹配以特定字符串结尾的记录。

③ 模式字符 "."：匹配字符串中任意一个字符，包括回车符和换行符等。

④ 模式字符 "[字符集合]"：匹配字符集合中任意一个字符。

⑤ 模式字符 "[^字符集合]"：匹配不在指定字符集合中的任何字符。

⑥ 模式字符 "S1|S2|S3"：匹配 S1、S2、S3 中任意一个字符串。

⑦ 模式字符 "*"：匹配多个该字符之前的字符，包括 0 个和 1 个。

⑧ 模式字符 "+"：匹配多个该字符之前的字符，包括 1 个。

⑨ 模式字符 "字符串 {N}"：匹配方式中的 N 表示前面的字符串至少要出现 N 次。

⑩ 模式字符 "字符串 {M,N}"：匹配方式中的 M 和 N 分别表示前面的字符串出现至少 M 次，至多 N 次。

任务实施

【例4-4】从车辆表中查询所有车队编号为3和4的车辆信息，包含车辆ID、车载终端口号、车架号、车牌号、车队编号。

分析：本示例要求查询车队编号为3和4的车辆信息，那么车队编号3和4是何种关系？需要使用哪种逻辑运算符连接？在查询数据时，每次只拿出数据源中一条记录与查询条件进行比较，那么显然一条记录的车队编号不可能既是3又是4，如果用AND，那么查询结果肯定为空，实际上任务的要求本质含义是车队编号为3符合条件，车队编号为4也符合条件，所以这里应用OR来连接。

①选取5个字段数据，分别是vehicleID、iccid、szVIN、plateNumber、motorCadeID，如下所示：

```
SELECT vehicleID,iccid,szVIN,plateNumber,motorCadeID
```

②筛选条件要求只能是由车队编号为3和4的车辆信息，所以完整的条件应该是：

```
motorCadeID=3 OR motorCadeID =4
```

③完整查询语句如下所示：

```
SELECT vehicleID,iccid,szVIN,plateNumber,motorCadeID
FROM vehicle
WHERE motorCadeID=3 OR motorCadeID =4
```

查询返回结果如图4-7所示。

vehicleID	iccid	szVIN	plateNumber	motorCadeID
21	3001	LHB12345678930001	苏E30001	3
22	3002	LHB12345678930002	苏E30002	3
23	3003	LHB12345678930003	苏E30003	3
24	3004	LHB12345678930004	苏E30004	3
25	3005	LHB12345678930005	苏E30005	3
26	3006	LHB12345678930006	苏E30006	3
27	4001	LHB12345678940001	苏E40001	4
28	4002	LHB12345678940002	苏E40002	4
29	4003	LHB12345678940003	苏E40003	4
30	4004	LHB12345678940004	苏E40004	4
31	4005	LHB12345678940005	苏E40005	4
32	4006	LHB12345678940006	苏E40006	4

图4-7　查询所在车队编号为3和4的车辆信息

【例4-5】使用通配符查询所有名称中含有"苏州"的企业信息。

分析：本示例要求企业名称包含"苏州"，那么只要企业名称中含有"苏州"就可以了，所以需要使用通配符"%"。查询语句如下：

```
SELECT enterpriseID,enterpriseName
FROM enterprise
WHERE enterpriseName LIKE'%苏州%'
```

查询返回结果如图4-8所示。

enterpriseID	enterpriseName
1	苏州公交公司
2	苏州旅游公司

图4-8　查询所有含有"苏州"的企业信息

同理，如果查询故障码表中所有故障名称最后为"过高"的故障信息，可以使用如下查询语句：

```
SELECT faultType,faultCode,faultName
FROM fcode
WHERE faultName LIKE'%过高'
```

查询返回结果如图4-9所示。

faultType	faultCode	faultName
电池	b04	总电压过高
电池	b07	SOC过高
电池	b08	单体电压过高
电池	b10	单体温度过高
发动机	e01	转速过高
发动机	e03	档位过高
驱动电机	m02	控制器温度过高

图4-9　所有故障名称最后为"过高"的故障信息

查询故障码表中所有故障名称开始为"单体"的故障信息，可以使用如下查询语句：

```
SELECT faultType,faultCode,faultName
FROM fcode
WHERE faultName LIKE'单体%'
```

查询返回结果如图4-10所示。

faultType	faultCode	faultName
电池	b08	单体电压过高
电池	b09	单体电压过低
电池	b10	单体温度过高
电池	b11	单体温度过低

图4-10　所有故障名称开始为"单体"的故障信息

查询故障码表中所有故障名称第二个字为"电"的故障信息，可以使用通配符"_"，每个下画线代表任意一个字符。查询语句如下：

```
SELECT faultType,faultCode,faultName
FROM fcode
WHERE faultName LIKE'_电%'
```

查询返回结果如图4-11所示。

faultType	faultCode	faultName
电池	b04	总电压过高
电池	b05	总电压过低
电池	b14	充电机急停

图4-11　所有故障名称第二个字为"电"的故障信息

如果想查询故障码表中所有故障名称第三个字为"压"的故障信息，可以使用两个下画线表示任意两个字符，查询语句如下：

```
SELECT faultType,faultCode,faultName
FROM fcode
WHERE faultName LIKE'_ _压%'
```

查询返回结果如图4-12所示。

faultType	faultCode	faultName
电池	b04	总电压过高
电池	b05	总电压过低

图4-12　所有故障名称第三个字为"压"的故障信息

【例4-6】查询故障码表中所有故障描述不为空的故障信息。

```
SELECT  faultType,faultCode,faultName,faultDes
FROM fcode
WHERE faultDes IS NOT NULL
```

查询返回结果如图4-13所示。

faultType	faultCode	faultName	faultDes
电池	b01	自检故障	自检未通过
电池	b02	过压	BMS过压
电池	b03	欠压	BMS欠压

图4-13　非空查询

【例4-7】使用正则表达式查询所有以"苏州"开头的企业名称。

```
SELECT enterpriseName
FROM enterprise
WHERE enterpriseName REGEXP'^苏州'
```

查询返回结果如图4-14所示。

enterpriseName
苏州公交公司
苏州旅游公司

图4-14　所有公司名称以"苏州"开头的企业信息

【例4-8】从车辆表中随机取出5个车辆信息。

分析：在查询数据时，有时候需要随机返回一些数据，比如考试时随机抽题组成试卷，那么就需要从题库中随机读取数据。这里可以通过使用系统函数rand()对查询结果进行随机排序，然后从中取满足条件的数据。

```
SELECT iccid,szVIN,plateNumber
```

```
FROM vehicle
ORDER BY rand()
LIMIT 5
```

返回结果如图4-15所示。

iccid	szVIN	plateNumber
1005	LHB12345678910005	苏E10005
3004	LHB12345678930004	苏E30004
7002	LHB12345678970002	鄂A70002
3006	LHB12345678930006	苏E30006
1004	LHB12345678910004	苏E10004

图4-15　随机获取5个车辆信息

【例4-9】使用正则表达式查询车牌号以6结尾的车辆信息。

```
SELECT vehicleID,iccid,szVIN,plateNumber
FROM vehicle
WHERE plateNumber REGEXP'6$'
```

返回结果如图4-16所示。

vehicleID	iccid	szVIN	plateNumber
6	1006	LHB123456789100006	苏E10006
17	2006	LHB12345678920006	苏E20006
26	3006	LHB12345678930006	苏E30006
32	4006	LHB12345678940006	苏E40006
53	8006	LHB12345678980006	皖A80006

图4-16　车牌号以6结尾的车辆信息

如果不用正则表达式，也可以使用通配符"%"，查询语句如下：

```
SELECT vehicleID,iccid,szVIN,plateNumber
FROM vehicle
WHERE plateNumber LIKE'%6'
```

【例4-10】使用正则表达式查询车牌号中0连续出现3次的车辆信息。

```
SELECT vehicleID,iccid,szVIN,plateNumber
FROM vehicle
WHERE plateNumber REGEXP'0{3}'
```

返回结果如图4-17所示。

【例4-11】使用正则表达式查询车牌号中10连续出现至少1次、至多2次的车辆信息。

```
SELECT vehicleID,iccid,szVIN,plateNumber
FROM vehicle
WHERE plateNumber REGEXP'10{1,2}'
```

返回结果如图4-18所示。

vehicleID	iccid	szVIN	plateNumber
1	1001	LHB123456778910001	苏E10001
2	1002	LHB123456778910002	苏E10002
3	1003	LHB123456778910003	苏E10003
4	1004	LHB123456778910004	苏E10004
5	1005	LHB123456778910005	苏E10005
6	1006	LHB123456778910006	苏E10006
7	1007	LHB123456778910007	苏E10007
8	1008	LHB123456778910008	苏E10008
9	1009	LHB123456778910009	苏E10009
12	2001	LHB123456778920001	苏E20001
13	2002	LHB123456778920002	苏E20002

图4-17　车牌号中0连续出现3次的车辆信息

vehicleID	iccid	szVIN	plateNumber
1	1001	LHB123456778910001	苏E10001
2	1002	LHB123456778910002	苏E10002
3	1003	LHB123456778910003	苏E10003
4	1004	LHB123456778910004	苏E10004
5	1005	LHB123456778910005	苏E10005
6	1006	LHB123456778910006	苏E10006
7	1007	LHB123456778910007	苏E10007
8	1008	LHB123456778910008	苏E10008
9	1009	LHB123456778910009	苏E10009
10	1010	LHB123456778910011	苏E10010
11	1011	LHB123456778910012	苏E10011

图4-18　车牌号连续出现10至少1次、至多2次的车辆信息

【例4-12】使用正则表达式查询企业名称包含"苏州"或者"武汉"的企业信息。

```
SELECT enterpriseID,enterpriseName,province,city,address
FROM enterprise
WHERE enterpriseName REGEXP'苏州|武汉'
```

返回结果如图4-19所示。

enterpriseID	enterpriseName	province	city	address
1	苏州公交公司	江苏省	苏州市	人民路12号
2	苏州旅游公司	江苏省	苏州市	解放路28号
3	武汉公交公司	湖北省	武汉市	三江路229号

图4-19　用正则表达式表示或关系

【例4-13】查询电池信息表中电流值大于等于35并且小于等于40的记录，查询内容包含车架号、实时时间、电流。

```
SELECT szVIN,sTime,wBattery_Current
FROM batteryinfo
WHERE wBattery_Current>=35 AND wBattery_Current<=40
```

返回结果如图4-20所示。

szVIN	sTime	wBattery_Current
LHB123456789l0001	2018-08-12 14:03:53	40
LHB123456789l0001	2018-08-12 14:03:50	38
LHB123456789l0001	2018-08-12 14:04:03	39
LHB123456789l0001	2018-08-12 14:04:35	40
LHB123456789l0002	2018-08-12 14:04:36	37
LHB123456789l0001	2018-08-12 14:04:50	38.5

图4-20　查询一定范围内数据

该查询也可以通过 BETWEEN AND 语句实现。

```
SELECT szVIN,sTime,wBattery_Current
FROM batteryinfo
WHERE wBattery_Current BETWEEN 35 AND 40
```

注意：BETWEEN AND条件语句获得的条件值区间只能是闭区间，不能表示开区间。

【例4-14】查询故障码表中故障类型为电池和电机、故障名称以"过"开头的故障信息，包括故障类型、故障码、故障名称。

```
SELECT faultType,faultCode,faultName
FROM fcode
WHERE (faultType=' 电池 'AND faultName LIKE' 过%')
OR (faultType=' 驱动电机 'AND faultName LIKE' 过%')
```

该查询语句也可以通过集合查询来完成，查询语句可以简化如下：

```
SELECT faultType,faultCode,faultName
FROM fcode
WHERE faultType IN (' 电池 ',' 驱动电机 ') AND faultName LIKE' 过%'
```

返回结果如图4-21所示。

faultType	faultCode	faultName
电池	b02	过压
电池	b13	过充故障
驱动电机	m07	过压
驱动电机	m09	过流

图4-21　IN集合查询

视频

任务 4.3　多表连接查询

任务描述

在实际应用中，用户要查询的数据往往分布在多个数据表中，这时就需要

任务4.3　多表连接查询

通过不同数据表之间的关联关系，将不同数据表连接起来，从而实现多表连接查询。

技术要点

多表连接查询是通过将各个表中相同字段（或字段名称不同，但数据类型一致并且表达的含义也是一样的）的关联性来查询数据，它是关系数据库查询最主要的特征。在 MySQL 数据库中，连接查询分为内连接和外连接两种。

1. 内连接

内连接是最常用的连接查询，查询结果包含参与联合的数据表中所有相匹配的记录，一般使用比较运算符比较被连接的列值，使用 JOIN 关键词来进行表之间的关联，语法结构如下：

```
SELECT 字段列表
FROM 表名 / 视图 1 JOIN 表名 / 视图 2
ON 连接条件
…
JOIN 表名 / 视图 n
ON 连接条件
WHERE 筛选条件
```

也可以用如下方式：

```
SELECT 列名列表
FROM 表名列表 [ 不同表、视图之间用逗号 "," 分隔 ]
WHERE { 表名 . 列名 JOIN_Operator 表名 . 列名 }[…n]
```

2. 外连接

内连接只返回符合连接条件的记录，不满足连接条件的记录不会被提取出来，但在实际应用中，用户在进行连接查询时有时会需要显示某个数据表中的所有数据，即使这些数据不满足连接条件。外连接查询返回的结果实际上除了符合连接条件的数据，还包含了至少一个数据表中不满足条件的数据。

外连接分为左外连接、右外连接和全外连接 3 种。

① 左外连接：使用关键词 LEFT [OUTER] JOIN，返回的结果集包含 LEFT JOIN 左边的表中所有记录，如果左表的某行在右表中没有匹配记录，则右表的相应列用 NULL 填充。

② 右外连接：使用关键词 RIGHT [OUTER] JOIN，左外连接的反向连接。

③ 全外连接：使用关键词 FULL [OUTER] JOIN，除了返回满足条件的记录外，还包括左表和右表中不满足条件的记录，如果左表在右表中没有匹配行，则右表的字段用空值 NULL 表示，反之亦然。

任务实施

【例 4-15】查询车辆信息，包含车辆的车辆 id、端口号、车架号、车牌号、车队编号和车队名称。

分析：要查询的字段来自于两个数据表，分别是 vehicle 和 motorcade，而且这两个表通过车队编号字段进行关联，所以需要将这两个数据表通过车队编号字段连接起来。

① 从表中选择指定列：

```
SELECT vehicleID,iccid,szVIN,plateNumber,
motorcade.motorCadeID,motorcade.motorCadeName
```

②指定数据源：

```
FROM vehicle,motorcade
```

③指定连接条件：

```
vehicle.motorCadeID=motorcade.motorCadeID
```

④完整语句如下：

```
SELECT vehicleID,iccid,szVIN,plateNumber,
motorcade.motorCadeID,motorcade.motorCadeName
FROM vehicle,motorcade
WHERE vehicle.motorCadeID=motorcade.motorCadeID
```

查询返回结果如图4-22所示。

vehicleID	iccid	szVIN	plateNumber	motorCadeID	motorCadeName
1	1001	LHB123456778910001	苏E10001	1	1号车队
2	1002	LHB123456778910002	苏E10002	1	1号车队
3	1003	LHB123456778910003	苏E10003	1	1号车队
4	1004	LHB123456778910003	苏E10004	1	1号车队
5	1005	LHB123456778910005	苏E10005	1	1号车队
6	1006	LHB123456778910006	苏E10006	1	1号车队
7	1007	LHB123456778910007	苏E10007	1	1号车队
8	1008	LHB123456778910008	苏E10008	1	1号车队
9	1009	LHB123456778910009	苏E10009	1	1号车队
10	1010	LHB123456778910010	苏E10010	1	1号车队
11	1011	LHB123456778910011	苏E10011	1	1号车队
12	1012	LHB123456778910012	苏E10012	1	1号车队
13	2001	LHB123456778920001	苏E20001	2	2号车队
14	2002	LHB123456778920002	苏E20002	2	2号车队
15	2003	LHB123456778920003	苏E20003	2	2号车队

图4-22　车辆信息查询

还可以换一种方式来写查询语句，如下所示：

```
SELECT vehicleID,iccid,szVIN,plateNumber,
motorcade.motorCadeID,motorcade.motorCadeName
FROM vehicle JOIN motorcade
ON vehicle.motorCadeID=motorcade.motorCadeID
```

2.【例4-16】在例4-15基础上扩展，现在需要将车队所在企业名称也查询出来。

分析：这里要查询的字段分布在3个数据表中，需要将3个数据表连接起来。

```
SELECT vehicleID,iccid,szVIN,plateNumber,
motorcade.motorCadeID,motorcade.motorCadeName,enterpriseName
FROM vehicle JOIN motorcade
ON vehicle.motorCadeID=motorcade.motorCadeID
JOIN enterprise
ON enterprise.enterpriseID=motorcade.enterpriseID
```

查询返回结果如图4-23所示。

vehicleID	iccid	szVIN	plateNumber	motorCadeID	motorCadeName	enterpriseName
1	1001	LHB123456778910001	苏E10001	1	1号车队	苏州公交公司
2	1002	LHB123456778910002	苏E10002	1	1号车队	苏州公交公司
3	1003	LHB123456778910003	苏E10003	1	1号车队	苏州公交公司
4	1004	LHB123456778910003	苏E10004	1	1号车队	苏州公交公司
5	1005	LHB123456778910005	苏E10005	1	1号车队	苏州公交公司
6	1006	LHB123456778910006	苏E10006	1	1号车队	苏州公交公司
7	1007	LHB123456778910007	苏E10007	1	1号车队	苏州公交公司
8	1008	LHB123456778910008	苏E10008	1	1号车队	苏州公交公司
9	1009	LHB123456778910009	苏E10009	1	1号车队	苏州公交公司
10	1010	LHB123456778910010	苏E10010	1	1号车队	苏州公交公司
11	1011	LHB123456778910011	苏E10011	1	1号车队	苏州公交公司
12	1012	LHB123456778910012	苏E10012	1	1号车队	苏州公交公司
13	2001	LHB123456778920001	苏E20001	2	2号车队	苏州公交公司
14	2002	LHB123456778920002	苏E20002	2	2号车队	苏州公交公司
15	2003	LHB123456778920003	苏E20003	2	2号车队	苏州公交公司

图4-23　3个数据表连接查询

如果只查询企业名称为"苏州公交公司",车队名称为"1号车队"的车辆信息,需要再加两个筛选条件,查询语句如下:

```
SELECT vehicleID,iccid,szVIN,plateNumber,
motorcade.motorCadeID,motorcade.motorCadeName,enterpriseName
FROM vehicle JOIN motorcade
ON vehicle.motorCadeID=motorcade.motorCadeID
JOIN enterprise
ON enterprise.enterpriseID=motorcade.enterpriseID
WHERE motorCadeName='1号车队'AND enterpriseName='苏州公交公司'
```

查询返回结果如图4-24所示。

vehicleID	iccid	szVIN	plateNumber	motorCadeID	motorCadeName	enterpriseName
1	1001	LHB123456778910001	苏E10001	1	1号车队	苏州公交公司
2	1002	LHB123456778910002	苏E10002	1	1号车队	苏州公交公司
3	1003	LHB123456778910003	苏E10003	1	1号车队	苏州公交公司
4	1004	LHB123456778910003	苏E10004	1	1号车队	苏州公交公司
5	1005	LHB123456778910005	苏E10005	1	1号车队	苏州公交公司
6	1006	LHB123456778910006	苏E10006	1	1号车队	苏州公交公司
7	1007	LHB123456778910007	苏E10007	1	1号车队	苏州公交公司
8	1008	LHB123456778910008	苏E10008	1	1号车队	苏州公交公司
9	1009	LHB123456778910009	苏E10009	1	1号车队	苏州公交公司
10	1010	LHB123456778910010	苏E10010	1	1号车队	苏州公交公司
11	1011	LHB123456778910011	苏E10011	1	1号车队	苏州公交公司
12	1012	LHB123456778910012	苏E10012	1	1号车队	苏州公交公司

图4-24　多表查询

查询语句也可以按照如下方式写:

```
SELECT vehicleID,iccid,szVIN,plateNumber,
motorcade.motorCadeID,motorcade.motorCadeName,enterpriseName
FROM vehicle,motorcade,enterprise
WHERE vehicle.motorCadeID=motorcade.motorCadeID
AND enterprise.enterpriseID=motorcade.enterpriseID
AND motorCadeName='1号车队' AND enterpriseName='苏州公交公司'
```

【例4-17】查询所有车辆信息，包含车架号、车牌号，如果这个车辆有报警信息，则将其报警信息也查询出来。

分析：有些车辆可能发生过多次报警，有些车辆可能一次都没有，没有发生过报警信息的车辆在报警表中就没有记录，如果用内连接，那么没有发生报警的车辆信息就查询不出来了，所以需要用左外连接，车辆表放在左边，作为主表，查询语句如下：

```
SELECT vehicle.szVIN,plateNumber,
bBattery_Error_Code,bMotor_Error_Code,bEngine_Error_Code
FROM vehicle LEFT JOIN warnninginfo
ON vehicle.szVIN=warnninginfo.szVIN
```

查询返回结果如图4-25所示。

szVIN	plateNumber	bBattery_Error_Code	bMotor_Error_Code	bEngine_Error_Code
LHB123456789810001	苏E10001	(Null)	m03	(Null)
LHB123456789810002	苏E10002	b08	(Null)	(Null)
LHB123456789810001	苏E10001	(Null)	m02	(Null)
LHB123456789810005	苏E10005	(Null)	m04	(Null)
LHB123456789810007	苏E10007	b06	(Null)	(Null)
LHB123456789820003	苏E20003	(Null)	m01	(Null)
LHB123456789810003	苏E10003	(Null)	(Null)	(Null)
LHB123456789810003	苏E10004	(Null)	(Null)	(Null)
LHB123456789810006	苏E10006	(Null)	(Null)	(Null)
LHB123456789810008	苏E10008	(Null)	(Null)	(Null)
LHB123456789810009	苏E10009	(Null)	(Null)	(Null)

图4-25　车辆报警信息查询

这里也可以使用右外连接查询出所需结果，使用右外连接时，将右表当作主表，查询语句如下：

```
SELECT vehicle.szVIN,plateNumber,
bBattery_Error_Code,bMotor_Error_Code,bEngine_Error_Code
FROM warnninginfo RIGHT JOIN vehicle
ON vehicle.szVIN=warnninginfo.szVIN
```

如果使用全外连接，查询语句如下：

```
SELECT vehicle.szVIN,plateNumber,
bBattery_Error_Code,bMotor_Error_Code,bEngine_Error_Code
FROM warnninginfo FULL JOIN vehicle
```

全外连接的所需要的时间明显比左外连接、右外连接要多，获取的数据也更多。全外连接实际上是将左表中每一条记录拿出来和右表中每条记录进行无限制匹配，查询结果记录数是原左表记录数与右表记录数的乘积。

【例4-18】查询所有故障等级比故障代码"b01"高的故障码信息。

在查询时，有时候虽然所有数据都来自于同一个数据表，但是不同记录之间需要进行相互比较，此时也需要进行连接，即自身连接。自身连接实际上就是将一个数据表取两个别名，在逻辑上将这个数据表分成两个，然后再通过JOIN关键词实现连接，语法格式如下：

```
SELECT X.a,X.b,X.c,Y.d,y.e
FROM tb AS X JOIN tb AS Y
```

```
ON  X.f=Y.f
WHERE  X.g>Y.g
```

这里要查询的数据字段都在一个表中，但是又需要进行内部比较，为了方便比较，可以将这个数据表从逻辑上分成两个数据表，然后再进行故障等级的大小比较，查询语句如下：

```
SELECT  Y.faultCode,Y.faultName,Y.faultLevel
FROM  fcode  X  JOIN  fcode  Y
ON  Y.faultLevel>X.faultLevel
WHERE  X.faultCode='b01'
```

查询返回结果如图4-26所示。

faultCode	faultName	faultLevel
b03	欠压	3
b09	单体电压过低	3
b10	单体温度过高	3
b11	单体温度过低	3
e01	转速过高	3
e02	急速过低	3
m01	驱动电机过载	3
m03	电机超速	3
m08	欠压	3

图4-26　自身连接查询1

如果查询结果中需要显示故障码"b01"的故障等级，查询语句可以改写成如下形式：

```
SELECT  Y.faultCode,Y.faultName,Y.faultLevel,X.faultLevel  b1_faultLevel
FROM  fcode  X  JOIN  fcode  Y
ON  Y.faultLevel>X.faultLevel
WHERE  X.faultCode='b01'
```

查询返回结果如图4-27所示。

faultCode	faultName	faultLevel	b1_faultLevel
b03	欠压	3	2
b09	单体电压过低	3	2
b10	单体温度过高	3	2
b11	单体温度过低	3	2
e01	转速过高	3	2
e02	急速过低	3	2
m01	驱动电机过载	3	2
m03	电机超速	3	2
m08	欠压	3	2

图4-27　自身连接查询2

【例4-19】查询各个公司的车辆信息，包含企业名称、车架号、车牌号。

查询要求比较多时，经常需要将某个查询结果作为另一个查询的数据源，这就是衍生表。

```
SELECT  enterpriseName,szVin,plateNumber
FROM  enterprise  JOIN
(SELECT  szVin,plateNumber,enterpriseID
FROM  vehicle  JOIN  motorcade
ON  vehicle.motorCadeID=motorcade.motorCadeID)  AS  tb
ON  enterprise.enterpriseID=tb.enterpriseID
```

查询返回结果如图4-28所示。

enterpriseName	szVin	plateNumber
苏州公交公司	LHB12345678910001	苏E10001
苏州公交公司	LHB12345678910002	苏E10002
苏州公交公司	LHB12345678910003	苏E10003
苏州公交公司	LHB12345678910003	苏E10004
苏州公交公司	LHB12345678910005	苏E10005
苏州公交公司	LHB12345678910006	苏E10006
苏州公交公司	LHB12345678910007	苏E10007
苏州公交公司	LHB12345678910008	苏E10008
苏州公交公司	LHB12345678910009	苏E10009
苏州公交公司	LHB12345678910010	苏E10010
苏州公交公司	LHB12345678910011	苏E10011
苏州公交公司	LHB12345678910012	苏E10012
苏州公交公司	LHB12345678920001	苏E20001
苏州公交公司	LHB12345678920002	苏E20002

图4-28　衍生表查询

【例4-20】查询"苏州公交公司"所有车辆信息，包含车架号、车牌号，如果这个车辆有报警信息，则将其报警信息也查询出来。

在查询时，有时候既有内连接，又有外连接，那么查询如何写才能保证正确呢？这就需要灵活运用括号，使查询语句语义准确无歧义。

```
SELECT enterpriseName,ta.szVin,plateNumber,
bBattery_Error_Code,bMotor_Error_Code,bEngine_Error_Code
FROM
(
    SELECT enterpriseName,szVin,plateNumber
    FROM enterprise JOIN
    (SELECT szVin,plateNumber,enterpriseID
    FROM vehicle JOIN motorcade
    ON vehicle.motorCadeID=motorcade.motorCadeID)  AS tb
    ON enterprise.enterpriseID=tb.enterpriseID
) ta
LEFT JOIN warnninginfo
ON ta.szVin=warnninginfo.szVIN
WHERE enterpriseName='苏州公交公司 '
```

查询返回结果如图4-29所示。

enterpriseName	szVin	plateNumber	bBattery_Error_Code	bMotor_Error_Code	bEngine_Error_Code
苏州公交公司	LHB12345678910001	苏E10001	(Null)	m03	(Null)
苏州公交公司	LHB12345678910002	苏E10002	b08	(Null)	(Null)
苏州公交公司	LHB12345678910001	苏E10001	(Null)	m02	(Null)
苏州公交公司	LHB12345678910005	苏E10005	(Null)	m04	(Null)
苏州公交公司	LHB12345678910007	苏E10007	b06	(Null)	(Null)
苏州公交公司	LHB12345678920003	苏E20003	(Null)	m01	(Null)
苏州公交公司	LHB12345678910003	苏E10003	(Null)	(Null)	(Null)
苏州公交公司	LHB12345678910003	苏E10004	(Null)	(Null)	(Null)
苏州公交公司	LHB12345678910006	苏E10006	(Null)	(Null)	(Null)

图4-29　混合连接查询

任务 4.4 嵌套查询

视频

任务 4.4 嵌套查询

任务描述

有些查询条件不是非常明确的，需要从另外一个查询中获取，这时就需要对查询语句进行嵌套，也就是说将一个查询的结果作为另外一个查询的条件。

技术要点

一个SELECT…FROM…WHERE语句称为一个查询语句块，将一个查询嵌套在另一个块的WHERE子句中的查询称为嵌套查询。

1. 嵌套查询类型

（1）带有IN运算符的子查询

在带有IN的子查询中，子查询的结果如果是一个结果集，那么父查询通过IN运算符将父查询中的一个表达式与子查询结果集中的每一个值进行比较。

（2）带有比较运算符的子查询

子查询的结果是一个值，父查询通过比较运算符将查询中的一个表达式与子查询结果进行比较。

（3）带有ANY或ALL运算符的子查询

在带有ANY或ALL运算符的子查询中，子查询的结果是一个结果集，如表4-2所示。

表 4-2 谓词

谓 词	说 明	等 价 关 系
>=ANY	大于或等于子查询结果中的某一个值	>＝MIN
>＝ALL	大于或等于子查询结果中的所有值	>＝MAX
<＝ANY	小于或等于子查询结果中的某一个值	<＝MAX
<＝ALL	小于或等于子查询结果中的所有值	<＝MIN
＝ANY	等于子查询结果中的某一个值	IN
＝ALL	等于子查询结果中的所有值	无意义
!＝ANY	不等于子查询结果中的某一个值	无意义
!＝ALL	不等于子查询结果中的所有值	NOT IN

（4）带有EXISTS运算符的子查询

使用EXISTS类型子查询相当于在做一次存在测试，外部语句测试子查询返回的记录是否存在，但不返回任何数据，只产生逻辑真或逻辑假。

2. 嵌套查询与连接查询的比较

嵌套查询与连接查询在很多时候是可以相互替换的。嵌套查询是包含一个或多个子查询；连接查询是关系数据库中最重要的查询，实体的所有信息通常都存储在表中，通过连接操作查询存储在多个表中的不同实体的信息。一般来说，连接查询速度较快，子查询很难被优化，能用连接查询时尽量用连接查询解决问题。

任务实施

【例4-21】查询"苏州公交公司"所拥有的车队信息，查询内容包含车队ID和车队名称。

分析："苏州公交公司"是企业名称，但最终需要的是车队信息，而车队表中没有企业名称这个字段，车队表和企业表之间是通过企业编号（enterpriseid）相关联，所以可以先在企业表中将企业名称为"苏州公交公司"的企业编号查出来，然后根据查出来的企业编号在车队表中将相关车队信息查询出来。

查询语句如下：

```
SELECT motorCadeID,motorCadeName
FROM motorcade
WHERE enterpriseid=
(
    SELECT enterpriseid
    FROM enterprise
    WHERE enterpriseName=' 苏州公交公司 '
)
```

查询返回结果如图4-30所示。

【例4-22】查询"1号车队"所拥有的车辆信息，查询内容包含车架号和车牌号。

查询语句如下：

```
SELECT vehicle.szVIN,plateNumber
FROM vehicle
WHERE motorCadeID IN
(
    SELECT motorCadeID
    FROM motorcade
    WHERE motorcadeName='1 号车队 '
)
```

查询返回结果如图4-31所示。

szVIN	plateNumber
LHB123456789010001	苏E10001
LHB123456789010002	苏E10002
LHB123456789010003	苏E10003
LHB123456789010003	苏E10004
LHB123456789010005	苏E10005
LHB123456789010006	苏E10006
LHB123456789010007	苏E10007
LHB123456789010008	苏E10008
LHB123456789010009	苏E10009
LHB123456789010010	苏E10010
LHB123456789010011	苏E10011
LHB123456789010012	苏E10012
LHB123456789040001	苏E40001
LHB123456789040002	苏E40002

motorCadeID	motorCadeName
1	1号车队
2	2号车队
3	3号车队

图4-30 苏州公交公司所含车队

图4-31 车队1车辆信息

注意：这里不能将查询语句中的"IN"替换成"="，如果使用"="将会出现错误提示"[Err] 1242 - Subquery returns more than 1 row"，子查询返回结果超过1行，因为每个企业都可能有"1号车队"，就是说"1号车队"所对应的车队ID可能不止一个，1个值与多个值是不可以相等的。

这里如果不用嵌套查询，用连接查询也是可以的，查询代码如下：

```
SELECT vehicle.szVIN,plateNumber
FROM vehicle JOIN motorcade
ON motorcade.motorCadeID=vehicle.motorCadeID
WHERE motorcadeName='1号车队'
```

【例4-23】查询所有车辆的最新登录状态。

分析：先找出所有车辆的最大ID，再根据logID找出相应的登录信息。

```
SELECT logID,szVIN,sTime,bOnline
FROM loginoutinfo
WHERE logID IN
(
    SELECT MAX(logID)
    FROM loginoutinfo
    GROUP BY szVIN
)
```

查询返回结果如图4-32所示。

logID	szVIN	sTime	bOnline
8	LHB123456789010001	2018-08-12 16:25:30	0
9	LHB123456789010004	2018-08-12 16:35:10	1
10	LHB123456789010007	2018-08-12 16:40:03	0
11	LHB123456789010002	2018-08-12 16:55:10	0
12	LHB123456789010003	2018-08-12 16:55:19	0

图4-32　车辆的最新登录状态

【例4-24】查询故障级别比故障码"b04"的故障级别高的故障码信息，查询内容包括故障码、故障名称、故障等级。

分析：要查询的信息和条件都在故障码表fcode中，可以先将"b04"的故障级别先查出来，然后再将其他记录的故障级别与其进行大小比较。

```
SELECT faultCode,faultName,faultLevel,faultType
FROM fcode
WHERE faultLevel>
(
    SELECT faultLevel
    FROM fcode
    WHERE faultCode='b04'
)
```

查询返回结果如图4-33所示。

faultCode	faultName	faultLevel
b03	欠压	3
b09	单体电压过低	3
b10	单体温度过高	3
b11	单体温度过低	3
e01	转速过高	3
e02	怠速过低	3
m01	驱动电机过载	3
m03	电机超速	3
m08	欠压	3

图4-33　比"b04"等级高的故障信息

【例4-25】查询比所有故障名称为"过压"故障级别高的故障码信息，查询内容包括故障码、故障名称、故障等级、故障类型。

```
SELECT faultCode,faultName,faultLevel,faultType
FROM fcode
WHERE faultLevel>ALL
(
    SELECT faultLevel
    FROM fcode
    WHERE faultName=' 过压 '
)
```

查询返回结果如图4-34所示。

faultCode	faultName	faultLevel	faultType
b03	欠压	3	电池
b09	单体电压过低	3	电池
b10	单体温度过高	3	电池
b11	单体温度过低	3	电池
e01	转速过高	3	发动机
e02	怠速过低	3	发动机
m01	驱动电机过载	3	驱动电机
m03	电机超速	3	驱动电机
m08	欠压	3	驱动电机

图4-34　故障码信息1

注意：这里的ALL不能省略，因为故障码表中，故障名称为"过压"的不止一个，但由于>ALL与MAX是等价的，所以上述查询语句可以改写如下：

```
SELECT faultCode,faultName,faultLevel,faultType
FROM fcode
WHERE faultLevel>
```

```
(
    SELECT MAX(faultLevel)
    FROM fcode
    WHERE faultName='过压'
)
```

同理，如果查询比所有故障名称为"过压"故障级别低的故障码信息，查询内容包括故障码、故障名称、故障等级、故障类型，那么查询语句如下：

```
SELECT faultCode,faultName,faultLevel,faultType
FROM fcode
WHERE faultLevel<ALL
(
    SELECT faultLevel
    FROM fcode
    WHERE faultName='过压'
)
```

也可以用如下语句：

```
SELECT faultCode,faultName,faultLevel,faultType
FROM fcode
WHERE faultLevel<
(
    SELECT MIN(faultLevel)
    FROM fcode
    WHERE faultName='过压'
)
```

查询返回结果如图4-35所示。

faultCode	faultName	faultLevel	faultType
b12	高压互锁故障	1	电池
b13	过充故障	1	电池
b14	充电机急停	1	电池
m09	过流	1	驱动电机
m10	短路	1	驱动电机

图4-35　故障码信息2

【例4-26】查询所有发生过报警信息的车辆，查询内容包括车架号、车牌号。

分析：只要这个车辆发生过报警信息，那么这个车辆的车架号在报警信息记录表中就会有记录。

```
SELECT szVIN,plateNumber
FROM vehicle
WHERE EXISTS
(
    SELECT *
    FROM warnninginfo
    WHERE vehicle.szVIN=warnninginfo.szVIN
)
```

查询返回结果如图4-36所示。

szVIN	plateNumber
LHB123456789l0001	苏E10001
LHB123456789l0002	苏E10002
LHB123456789l0005	苏E10005
LHB123456789l0007	苏E10007
LHB123456789l20003	苏E20003

图4-36　发生过报警信息的车辆

车辆表vehicle与报警表warnninginfo通过车架号szVIN关联，可以先到warnninginfo中查出所有车架号，只要在warnninginfo中出现过的车架号，都是有过报警的车辆，然后根据查出的车架号到车辆表中查找相关信息。

查询语句可以改为如下形式：

```
SELECT szVIN,plateNumber
FROM vehicle
WHERE szVIN IN
(
    SELECT DISTINCT szVIN
    FROM warnninginfo
)
```

同理，如果查询没有发生过报警信息的车辆，那么查询语句如下：

```
SELECT szVIN,plateNumber
FROM vehicle
WHERE NOT EXISTS
(
    SELECT *
    FROM warnninginfo
    WHERE vehicle.szVIN=warnninginfo.szVIN
)
```

查询返回结果如图4-37所示。

szVIN	plateNumber
LHB123456789l0003	苏E10003
LHB123456789l0003	苏E10004
LHB123456789l0006	苏E10006
LHB123456789l0008	苏E10008
LHB123456789l0009	苏E10009
LHB123456789l0010	苏E10010
LHB123456789l0011	苏E10011
LHB123456789l0012	苏E10012
LHB123456789l20001	苏E20001
LHB123456789l20002	苏E20002

图4-37　未发生过报警信息的车辆

查询语句也可以改为如下形式：

```
SELECT szVIN,plateNumber
FROM vehicle
WHERE szVIN NOT IN
(
    SELECT DISTINCT szVIN
    FROM warnninginfo
)
```

任务 4.5　查询统计

任务描述

在实际查询中，不但需要简单查询某些数据信息，有时还需要对某些数据进行汇总统计，比如求平均值、累加和、最大值、最小值等。

视频

任务 4.5　查询统计

技术要点

1. 聚合函数

聚合函数是统计函数，也称聚集函数。MySQL 提供了多个聚合函数，利用这些聚合函数，可以对表中数据进行统计。在统计时，如果需要进行分组，可以使用 GROUP BY 语句，分组以后还可以使用 HAVING 语句对分组统计结果进行二次筛选。

常见聚合函数如下：

① COUNT([DISTINCT|ALL]*)：统计记录个数。

② COUNT ([DISTINCT | ALL]<列名>)：统计一列中值的个数。

③ SUM ([DISTINCT | ALL]<列名>)：计算一列数据的总和。

④ AVG ([DISTINCT | ALL]<列名>)：计算一列数据的平均值。

⑤ MAX ([DISTINCT | ALL]<列名>)：计算一列数据的最大值。

⑥ MIN ([DISTINCT | ALL]<列名>)：计算一列数据的最小值。

注意：使用聚合函数时，如果指定 DISTINCT，则表示在计算时要取消指定列中的重复值；如果没有指定 DISTINCT 或指定了 ALL，则表示不取消重复值。

2. GROUP BY 语句

GROUP BY 子句将查询结果集按某一列或多列分组，分组列值相等的为一组，并对每一组进行统计，对查询结果集分组的目的是细化聚合函数的作用对象，如果未对查询结果进行分组，聚合函数将作用于整个查询结果，即只有一个函数值，否则将作用于每一个分组，即每一组都有一个函数值。

语法格式：

```
GROUP BY 列名 [HAVING 筛选条件表达式]
```

注意：SELECT 后的列名必须是 GROUP BY 子句后已有的列名或是计算列。

任务实施

【例4-27】统计各企业车辆总数。

本例所要查询企业来自于企业表enterprise，车辆总数信息是数据表中所没有的，需要到车辆表中去统计。

①从表中选择指定字段，总数需要用count函数统计相关记录数：

```
SELECT enterpriseName 公司 ,count(vehicleID) 车辆总数
```

②指定数据源及连接条件：

```
FROM vehicle JOIN motorcade
ON vehicle.motorCadeID=motorcade.motorCadeID
JOIN enterprise
ON enterprise.enterpriseID=motorcade.enterpriseID
```

③因为按企业统计车辆总数，所以需要按企业进行分组。完整查询语句如下：

```
SELECT enterpriseName 公司 ,COUNT(vehicleID) 车辆总数
FROM vehicle JOIN motorcade
ON vehicle.motorCadeID =motorcade.motorCadeID
JOIN enterprise
ON enterprise.enterpriseID =motorcade.enterpriseID
GROUP BY enterpriseName
```

查询返回结果如图4-38所示。

公司	车辆总数
合肥公交公司	18
武汉公交公司	20
苏州公交公司	32
苏州旅游公司	30

图4-38 各企业车辆总数统计

若本次查询需要显示总数大于等于20个的企业信息，那么需要修改查询语句，如下所示：

```
SELECT enterpriseName 企业 ,COUNT(vehicleID) 车辆总数
FROM vehicle JOIN motorcade
ON vehicle.motorCadeID=motorcade.motorCadeID
JOIN enterprise
ON enterprise.enterpriseID=motorcade.enterpriseID
GROUP BY enterpriseName
HAVING count(vehicleID)>=20
```

查询返回结果如图4-39所示。

企业	车辆总数
武汉公交公司	20
苏州公交公司	32

图4-39 只统计拥有5辆车以上的企业信息

【例4-28】查询有故障报警的车辆信息，包含车架号、车牌号、报警次数，查询结果按照报警次数倒序排序。

```
SELECT warnninginfo.szVIN,plateNumber,count(*) cnt
FROM warnninginfo JOIN vehicle
ON warnninginfo.szVIN=vehicle.szVIN
GROUP BY szVIN,plateNumber
ORDER BY cnt DESC
```

查询返回结果如图4-40所示。

szVIN	plateNumber	cnt
LHB12345678910005	苏E10005	4
LHB12345678910001	苏E10001	4
LHB12345678910002	苏E10002	3
LHB12345678910007	苏E10007	2
LHB12345678920003	苏E20003	2
LHB12345678910006	苏E10006	1
LHB12345678910008	苏E10008	1

图4-40　车辆报警信息次数统计

【例4-29】查询有报警信息的车辆最高、最低报警次数。

分析：首先需要将有报警的车辆信息以及报警次数统计出来，然后在此基础上用MAX、MIN函数进行统计，查询语句如下：

```
SELECT MAX(cnt) 最高报警次数,MIN(cnt) 最少报警次数
FROM
(
    SELECT warnninginfo.szVIN,plateNumber,count(*) cnt
    FROM warnninginfo JOIN vehicle
    ON warnninginfo.szVIN=vehicle.szVIN
    GROUP BY szVIN,plateNumber
) ta
```

查询返回结果如图4-41所示。

最高报警次数	最少报警次数
4	1

图4-41　最高最低报警次数统计

同理，如果要查询有报警信息的车辆平均报警次数，可以使用AVG函数进行统计，查询语句如下：

```
SELECT AVG(cnt) 平均报警次数
FROM
(
    SELECT warnninginfo.szVIN,plateNumber,count(*) cnt
    FROM warnninginfo JOIN vehicle
```

```
    ON warnninginfo.szVIN=vehicle.szVIN
    GROUP BY szVIN,plateNumber
) ta
```

平均报警次数
2.4286

图 4-42　平均报警
次数统计

查询返回结果如图 4-42 所示。

任务 4.6　组合查询

任务描述

　　UNION 语句可以组合多条 SQL 查询，可以通过 UNION 语句将多个查询结果组合成一个查询结果集。

技术要点

1. UNION 语法结构

```
SELECT 语句 1
UNION
SELECT 语句 2
```

2. UNION 规则

　　① 每个查询必须包含相同的字段、表达式或者聚合函数。

　　② 对应字段的数据类型必须兼容，如果类型不一样，则可以进行隐含转换。

　　③ 如果没有用 UNION ALL 特殊限定，则会自动去除重复记录。

任务实施

【例 4-30】查询来自于江苏和安徽的企业信息。

　　本例所要查询信息来自于企业表 enterprise，可以先分别将江苏和安徽的企业查询出来，然后进行合并处理。

```
SELECT enterpriseID,enterpriseName,province,city,address
FROM enterprise
WHERE province=' 江苏省 '
UNION
SELECT enterpriseID,enterpriseName,province,city,address
FROM enterprise
WHERE province=' 安徽省 '
```

查询返回结果如图 4-43 所示。

enterpriseID	enterpriseName	province	city	address
1	苏州公交公司	江苏省	苏州市	人民路12号
2	苏州旅游公司	江苏省	苏州市	解放路28号
11	苏州汽车服务公司	江苏省	苏州市	苏州工业园区星港街
4	合肥公交公司	安徽省	合肥市	皖南路103号

图 4-43　合并查询

查询语句也可以改写如下：

```
SELECT enterpriseID,enterpriseName,province,city,address
FROM enterprise
WHERE province='江苏省'OR province='安徽省'
```

如果查询需求换成查询来自于江苏和安徽的企业信息，并且要求江苏的企业来自于"工业园区"，安徽省企业的地址不作要求，这时用合并查询，条件更简单，逻辑更清晰。

不使用UNION合并查询，查询语句如下：

```
SELECT enterpriseID,enterpriseName,province,city,address
FROM enterprise
WHERE province='江苏省'AND address LIKE'%工业园区%'OR province='安徽省'
```

使用UNION合并查询，查询语句如下：

```
SELECT enterpriseID,enterpriseName,province,city,address
FROM enterprise
WHERE province='江苏省'AND address LIKE'%工业园区%'
UNION
SELECT enterpriseID,enterpriseName,province,city,address
FROM enterprise
WHERE province='安徽省'
```

查询返回结果如图4-44所示。

enterpriseID	enterpriseName	province	city	address
11	苏州汽车服务公司	江苏省	苏州市	苏州工业园区星港街
4	合肥公交公司	安徽省	合肥市	皖南路103号

图4-44　合并查询

任务4.7　查询缓存

任务描述

缓存是数据库中的一个重要技术，如果多次执行相同的SQL查询语句，MySQL会将查询结果缓存起来，供下次查询使用，MySQL数据库以此来优化查询缓存来提高缓存命中率。在高负载情况下，使用缓存可以减轻服务器压力，提高查询效率。

技术要点

1. 缓存概述

缓存实际上就是缓存查询语句和查询结果，如果执行的是相同的查询语句，服务器会直接从缓存中获取查询结果，而不是再去解析和执行SQL语句。缓存会存储最新数据，不会返回过期数据，如果数据被修改了，缓存中相关数据都会被清除，所以，如果某个数据表频繁更新，那它是不适合用缓存的，而对于一些不经常更新数据的数据表，查询缓存可以大大提高查询性能。

查询缓存对应用程序是完全透明的。应用程序无须关心MySQL是通过查询返回的还是实际执行查询语句返回的结果。这两种方式执行的结果是完全相同的，查询缓存无须使用任何语法。

缓存也有它的局限性。查询缓存是一个影响服务器扩展性的因素，它可能成为整个服务器的资源竞争单点，在多核服务器上还可能导致服务器堵塞僵死。因此，大部分时候应该默认关闭查询缓存，如果某个业务系统中查询缓存作用很大，那么可以适当配置个几十兆的小缓存空间供其使用。

注意： 以下情况不会使用缓存数据。

① 包含视图的连接查询不会使用缓存。

② 大小写不一致的查询语句不使用缓存。

③ 嵌套查询的子句不会被缓存。

④ 存储过程、触发器、事件内部的查询语句不会被缓存。

⑤ 查询结果不确定的不会被缓存，比如使用随机排序的查询不会被缓存。

可以使用 @@query_cache_type 查看缓存功能是否开启：

```
mysql>select @@query_cache_type;
```

查询结果如图 4-45 所示。

从图 4-45 中可以看到查询缓存功能已经被开启，如果要禁用查询缓存功能，可以使用如下命令：

```
mysql>set session query_cache_type=OFF;
```

再次查询缓存功能是否开启，返回结果如图 4-46 所示，表明查询功能已经关闭。

```
mysql> select @@query_cache_type;
+--------------------+
| @@query_cache_type |
+--------------------+
| ON                 |
+--------------------+
1 row in set (0.03 sec)
```

图 4-45　查看缓存功能是否开启

```
mysql> select @@query_cache_type;
+--------------------+
| @@query_cache_type |
+--------------------+
| OFF                |
+--------------------+
1 row in set (0.04 sec)
```

图 4-46　关闭查询缓存功能

如果要开启查询缓存功能，可以使用如下命令：

```
mysql>set session query_cache_type=ON;
```

可以通过系统变量 "have_query_cache" 查看缓存是否可用，命令如下：

```
mysql>show variables like 'have_query_cache';
```

返回结果如图 4-47 所示，如果 value 值为 YES，则表示可用。

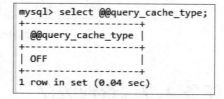

```
mysql> show variables like 'have_query_cache';
+------------------+-------+
| Variable_name    | Value |
+------------------+-------+
| have_query_cache | YES   |
+------------------+-------+
1 row in set (0.02 sec)
```

图 4-47　查看缓存功能是否可用

如果查询语句的执行结果被缓存,系统会修改状态变量"qcache_hits",并将其值加1,可以查看qcache_hits值,看查询结果是否被缓存,如图4-48所示。

```
mysql>show status like'%qcache_hits%';
```

从图4-48所示结果来看,qcache_hits值为0,说明缓存累计命中数为0,输入如下查询语句:

```
mysql>select * from enterprise;
```

再次输入如下查询语句:

```
mysql>select * from enterprise;
```

再次查看qcache_hits值变化情况,结果如图4-49所示。

```
mysql>show status like '%qcache_hits%';
```

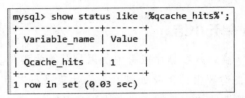

图4-48 查看qcache_hits值   图4-49 查看qcache_hits值变化情况

2. 配置缓存

（1）设置缓存值

```
mysql>select @@global.query_cache_size;
```

返回结果如图4-50所示,缓存大小为0。

```
mysql>set @@global.query_cache_size=30720;
```

（2）管理缓存

① 整理查询缓存:

```
mysql>flush query cache;
```

② 移除缓存数据:

```
mysql>reset query cache;
```

③ 监控缓存使用状态:

```
mysql>show variables like'%query_cache%';
```

返回结果如图4-51所示。

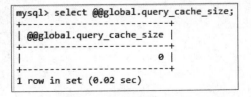

图4-50 初始缓存大小

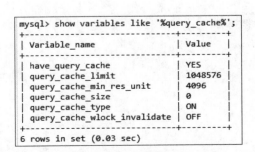

图4-51 缓存使用状态

- have_query_cache：是否支持查询缓存，YES 表示支持。
- query_cache_limit：缓存的最大结果集，大于此值的结果不会被缓存。
- query_cache_min_res_unit：分配内存块的最小容积，每次给查询结果分配内存的大小，默认为 4096 字节，如果此值较小，会使系统频繁分配内存块。
- query_cache_size：缓存使用的总内存大小，值为 1024 的倍数。
- query_cache_type：是否启用缓存，ON 表示除了 SQL_NO_CACHE 的查询之外，缓存所有查询结果；如果设置为 OFF，表示不进行缓存；如果设置为 DEMAND，表示仅缓存 SQL_CACHE 的查询。
- query_cache_wlock_invalidate：设置是否允许其他链接处于 lock 状态时使用缓存结果，默认为 OFF。

单元小结

查询是数据库应用中使用最频繁的操作。本单元详细介绍了如何使用 SELECT 语句从数据表中查询数据，以及如何对查询结果进行汇总统计。数据查询时，既要按照要求查出相关数据，也要优化查询语句，提高查询的效率。

课后习题

操作题

1. 查询所有江苏省的企业信息。
2. 使用两种方式查询所有省份为江苏、安徽、湖北的企业信息。
3. 查询故障等级大于 1 的故障码信息。
4. 查询最近 5 条报警信息，按照时间倒序排列。
5. 查询"苏州旅游公司"所拥有的车辆信息。
6. 查询"苏州旅游公司"所有在线车辆信息。
7. 查询当前所有在线车辆的车牌号。
8. 查询当前所有在线车辆的车牌号以及位置（经度和纬度）。
9. 统计各个企业所拥有的车辆数量。

单元 5
数据更新

项目使用过程中，数据库中的数据会不断变化，数据库通过插入、修改、删除方式来更新数据表中的数据。插入数据是向数据表中插入新的的记录，通过 INSERT 语句实现；更新数据通过 UPDATE 语句实现；删除数据通过 DELETE 语句实现。

■ 学习目标

【知识目标】
- 理解插入数据的语法结构。
- 理解修改数据的语法结构。
- 理解删除数据的语法结构。

【能力目标】
- 能够熟练向数据表中插入数据。
- 能够熟练修改数据表中数据。
- 能够熟练删除数据表中数据。

视频

▌ 任务 5.1 　插 入 数 据

任务描述
插入数据是向表中插入新的数据，通过 INSERT 语句可以向表中所有字段或部分字段插入数据，还可以同时向表中插入多条记录数据。

任务 5.1　插入数据

技术要点

1. 为表中所有字段插入数据
语句格式如下：

```
INSERT INTO 表名（字段名 1，字段名 2,...)
VALUES(值 1，值 2,...);
```

语法说明：

INTO 可以省略，"字段名 1,字段名 2,…"表示数据表中的字段名称，此处应为表中所有字段名称。"值 1，值，…"表示每一个字段的值，其值顺序、类型须与对应的字段相匹配。

注意：使用 INSERT 语句添加数据时，表名后的字段顺序可以与其表中定义的顺序不一致，它们需要与 VALUES 中值的顺序一致。

为表中所有字段添加数据时，表名后面的字段列表页可以省略。

语句格式如下：

```
INSERT INTO 表名 VALUES(值1,值2,....);
```

2. 为表中指定字段添加数据

在 INSERT 语句中只向部分字段添加值，而其他值为默认值。

基本语法如下：

```
INSERT INTO 表名 (字段1,字段2,...)
VALUES (值1,值2,...);
```

语法说明：

① "字段1,字段2,…" 表示数据中的字段名称，此处指表中的部分字段名称。

② "值1,值2,…" 为指定字段的值，每一个值的顺序、类型必须与对应的字段相匹配。

3. 插入多行数据

当用户需要同时向表中添加多条数据时，可以使用 INSERT 语句插入多条记录。基本语法如下：

```
INSERT INTO 表名 (字段1,字段2,...)
VALUES (值1,值2,...),
(值1,值2,...),
(值1,值2,...),
(值1,值2,...)
```

注意：不同记录之间用逗号分隔。

4. 通过 Navicat 插入数据

打开要插入数据的数据表，直接在最后一个空白行开始输入数据，自增字段不需要输入数据，默认值字段、可以为空字段不输入数据，如图 5-1 所示。

enterpriseID	enterpriseName	province	city	address	remarks	deleteFlag
1	苏州公交公司	江苏省	苏州市	人民路12号	(Null)	0
2	苏州旅游公司	江苏省	苏州市	解放路28号	(Null)	0
3	武汉公交公司	湖北省	武汉市	三江路229号	(Null)	0
4	合肥公交公司	安徽省	合肥市	皖南路103号	(Null)	0
5	济南公交公司	山东省	济南市	泉城路208号	(Null)	0
6	长春公交公司	吉林省	长春市	车城路29号	(Null)	0
7	福州公交公司	福建省	福州市	长寿路39号	(Null)	0
8	广州公交公司	广东省	广州市	花城录126号	(Null)	0
9	石家庄公交公司	河北省	石家庄市	华北路36号	(Null)	0
10	郑州公交公司	河南省	郑州市	中原路22号	(Null)	0
11	苏州汽车服务公司	江苏省	苏州市	苏州工业园区星港街	(Null)	0
*	(Null)	(Null)	(Null)	(Null)	(Null)	(Null)

图 5-1　插入数据

5. 插入查询结果

可以将一个表查询出来的数据插入到另一个表中，语法规则如下：

```
INSERT INTO<TABLE1>(COLUMN_LIST1)
SELECT COLUMN_LIST2 FROM TABLE2 WHERE CONDITION
```

任务实施

【例5-1】向企业表中添加一个企业信息，企业名称是"无锡汽车服务公司"，省份为"江苏省"，城市为"无锡市"。

```
INSERT INTO enterprise(enterpriseName,province,city)
VALUES('无锡汽车服务公司','江苏省','无锡市')
```

【例5-2】向企业表中同时插入3条记录。

```
INSERT INTO enterprise(enterpriseName,province,city)
VALUES('常州汽车服务公司','江苏省','常州市'),
('南京汽车服务公司','江苏省','南京市'),
('镇江汽车服务公司','江苏省','镇江市')
```

【例5-3】通过图形化向导向车辆表中插入一条记录。

打开车辆表，依次输入数据，如图5-2所示。

vehicleID	szVIN	iccid	plateNumber	motorCadeID	remarks	deleteFlag
91	LHB12345678990009	9009	皖A10009	9	(Null)	
92	LHB12345678990010	9010	皖A10010	9	(Null)	
93	LHB12345678991001	9101	皖A20001	10	(Null)	
94	LHB12345678991002	9102	皖A20002	10	(Null)	
95	LHB12345678991003	9103	皖A20003	10	(Null)	
96	LHB12345678991003	9104	皖A20004	10	(Null)	
97	LHB12345678991005	9105	皖A20005	10	(Null)	
98	LHB12345678991006	9106	皖A20006	10	(Null)	
99	LHB12345678991007	9107	皖A20007	10	(Null)	
100	LHB12345678991008	9108	皖A20008	10	(Null)	
101	LHB12345678992001	9201	苏E70001	11	(Null)	
102	LHB12345678992002	9202	苏E70002	11	(Null)	
103	LHB12345678992003	9203	苏E70003	11	(Null)	
104	LHB12345678992003	9204	苏E70004	11	(Null)	
105	LHB12345678992005	9205	苏E70005	11	(Null)	
106	LHB12345678992006	9206	苏E70006	11	(Null)	
107	LHB12345678992007	9207	苏E70007	11	(Null)	
108	LHB12345678992008	9208	苏E70008	11	(Null)	
109	LHB12345678992009	9209	苏E70009	11	(Null)	
*	(Null)	(Null)	(Null)	(Null)	(Null)	

图5-2　插入车辆信息

任务 5.2　修改数据

任务描述

修改数据是指修改数据表中已经存在的数据，可以使用UPDATE语句来修改数据表中的数据。

技术要点

1. 无条件修改

语法格式如下：

```
UPDATE   table_name
SET
    column_name1=val1,
    column_name2=val2,
    ...
```

其中，table_name是指定要修改数据的表名，SET子句指定要修改的字段和新值。如果要更新多个字段，不同字段之间用逗号分隔。

2. 有条件修改

语法格式如下：

```
UPDATE   table_name
SET
    column_name1=val1,
    column_name2=val2,
    ...
WHERE condition
```

其中，WHERE语句中的条件用于指定要修改的记录。

3. 通过Navicat图形化向导修改数据

打开要修改的数据表，直接修改某个字段，如图5-3所示。如果修改的是外键字段，新的字段值必须是主键表已经存在的值，否则会报错。

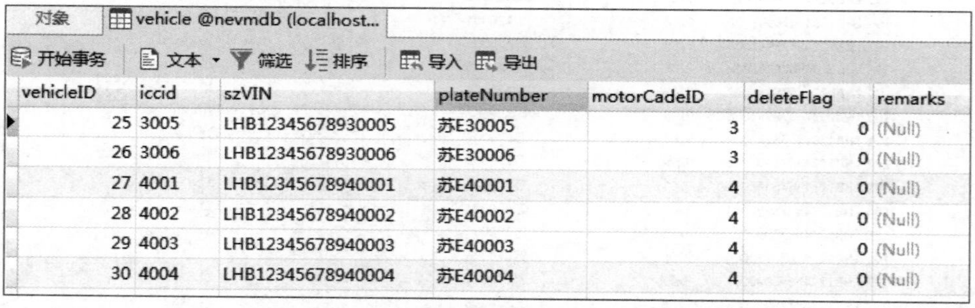

vehicleID	iccid	szVIN	plateNumber	motorCadeID	deleteFlag	remarks
25	3005	LHB12345678930005	苏E30005	3	0	(Null)
26	3006	LHB12345678930006	苏E30006	3	0	(Null)
27	4001	LHB12345678940001	苏E40001	4	0	(Null)
28	4002	LHB12345678940002	苏E40002	4	0	(Null)
29	4003	LHB12345678940003	苏E40003	4	0	(Null)
30	4004	LHB12345678940004	苏E40004	4	0	(Null)

图5-3　修改数据

任务实施

【例5-4】在企业表中修改苏州汽车服务公司的地址，地址修改为"苏州工业园区星港街20号"。

```
UPDATE enterprise
SET address='苏州工业园区星港街20号'
WHERE enterpriseName='苏州汽车服务公司'
```

【例5-5】通过Navicat图形化向导修改数据企业表。

打开企业表，直接修改，如图5-4所示。

enterpriseid	enterpriseName	province	city	address	remarks	deleteFlag
1	苏州公交公司	江苏省	苏州市	人民路12号	(Null)	
2	苏州旅游公司	江苏省	苏州市	解放路28号	(Null)	
3	武汉公交公司	湖北省	武汉市	三江路229号	(Null)	
4	合肥公交公司	安徽省	合肥市	皖南路103号	(Null)	
5	济南公交公司	山东省	济南市	泉城路208号	(Null)	
6	长春公交公司	吉林省	长春市	车城路29号	(Null)	
7	福州公交公司	福建省	福州市	长寿路39号	(Null)	
8	广州公交公司	广东省	广州市	花城路126号	(Null)	
9	石家庄公交公司	河北省	石家庄市	华北路36号	(Null)	
10	郑州公交公司	河南省	郑州市	中原路22号	(Null)	
11	苏州汽车服务公司	江苏省	苏州市	苏州工业园区星港街20号	(Null)	
13	无锡汽车服务公司	江苏省	无锡市		(Null)	
14	常州汽车服务公司	江苏省	常州市	(Null)	(Null)	
15	南京汽车服务公司	江苏省	南京市	(Null)	(Null)	
16	镇江汽车服务公司	江苏省	镇江市	(Null)	(Null)	

图5-4　修改数据表

任务5.3　删除数据

任务描述

删除数据是从表中删除已经存在的数据，可以使用DELETE语句删除数据。

技术要点

1. 删除数据

语法结构如下：

```
DELETE FROM table_name
[WHERE condition]
```

若想从表中删除所有数据，去掉筛选条件即可。也可以使用TRUNCATE TABLE语句删除指定数据表中所有数据。与DELETE FROM语句相比，TRUNCATE TABLE语句不返回删除数据行数，速度快，占用的系统和事务日志资源少，但删除后无法恢复，因此TRUNCATE TABLE语句要谨慎使用。如果一个数据表参与了索引或试图，则不能使用TRUNCATE TABLE语句进行所有数据的删除，只能使用DELETE FROM语句删除。

另外，使用TRUNCATE TABLE语句删除表中数据时，实际上是删除整个表结构，然后重新建立一个空的数据表。比如，在test数据表中，原有数据如图5-5所示，其中testa字段是整型自增字段。

现在执行如下DELETE FROM语句删除testa值为“3”的记录。

```
DELETE FROM test WHERE testa=3;
SELECT * FROM test;
```

返回结果如图5-6所示。

testa	testb	testc	testd
1	b1	c1	d1
2	b2	c2	d2
3	b3	c3	d3

图5-5　test表原有数据

testa	testb	testc	testd
1	b1	c1	d1
2	b2	c2	d2

图5-6　删除一条记录

然后再向 test 表中添加一条记录，结果如图 5-7 所示，可以看出最新添加的记录 testa 字段值为 4，是在原有基础上自增了 1。

如果执行如下 DELETE FROM 语句删除所有数据，然后再向表中添加 3 条记录，则结果如图 5-8 所示，所有记录的编号是从 4 开始的，也就是还是按照原有编号继续自增的。

```
DELETE FROM test;
INSERT INTO test(testb,testc,testd)
VALUES('b1','c1','d1'),
('b2','c2','d2'),
('b3','c3','d3');
SELECT * FROM test;
```

testa	testb	testc	testd
1	b1	c1	d1
2	b2	c2	d2
4	b4	c4	d4

图 5-7　添加一条新纪录

testa	testb	testc	testd
5	b1	c1	d1
6	b2	c2	d2
7	b3	c3	d3

图 5-8　DELETE 删除所有数据再添加

如果执行如下 TRUNCATE TABLE 语句通过删除表中数据，然后再向表中添加 3 条记录，结果如图 5-9 所示，返回结果显示所有记录的 testa 字段的值编号是从 1 开始的。

testa	testb	testc	testd
1	b1	c1	d1
2	b2	c2	d2
3	b3	c3	d3

图 5-9　TRUNCATE 删除
所有数据再添加

```
TRUNCATE TABLE test;
INSERT INTO test(testb,testc,testd)
VALUES('b1','c1','d1'),
('b2','c2','d2'),
('b3','c3','d3');
SELECT * FROM test;
```

2. 通过 Navicat 删除数据

打开要删除数据的数据表，选择要删除的记录，右击，在弹出的快捷菜单中选择"删除记录"命令即可，如图 5-10 所示，可以同时删除多条记录。

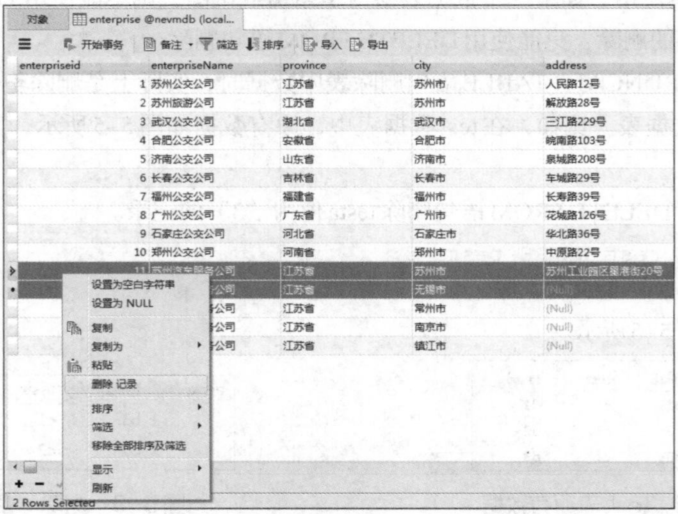

图 5-10　删除数据

任务实施

【例5-6】删除企业表中的苏州汽车服务公司信息。

```
DELETE FROM enterprise
WHERE enterpriseName='苏州汽车服务公司'
```

【例5-7】删除整个企业表中的数据。

```
DELETE FROM enterprise
```

也可以使用TRUNCATE语句。

```
TRUNCATE TABLE enterprise
```

任务 5.4 导入与导出

任务描述

在使用MySQL过程中，经常需要将MySQL中的数据导出到外部文件，有时候也需要将外部文件中的数据导入到MySQL中。

技术要点

1. 通过Navicat图形工具

（1）导出数据生成文件

①打开Navicat，连接到MySQL服务器。

②打开相应数据库，选择要导出的数据表（enterprise），右击，在弹出的快捷菜单中选择"导出向导"命令，如图5-11所示，或者单击工具栏中的"导出向导"按钮。

图5-11 导出向导-选择数据表

③ 弹出"导出向导"对话框，如图 5-12 所示，在该对话框中可以选择文件格式，这里选择"CSV 文件（.csv）"。

图 5-12　导出向导 - 选择文件类型

④ 单击"下一步"按钮，弹出附加选项对话框如图 5-13 所示；在该对话框中可以再次选择数据表，如在下拉列表框中选择"全选"选项，如图 5-14 所示；还可以单击"高级"按钮，设置编码方式以及选择是否添加时间戳，如图 5-15 所示。

图 5-13　导出向导 - 附加选项设置

图5-14　导出向导-数据表选择

图5-15　导出向导-编码以及时间戳设置

⑤单击"下一步"按钮，弹出字段选择对话框，默认为选择所有字段，如图5-16所示，若用户想选择部分字段，可以取消勾选"全部字段"复选框，然后选择部分可用字段。

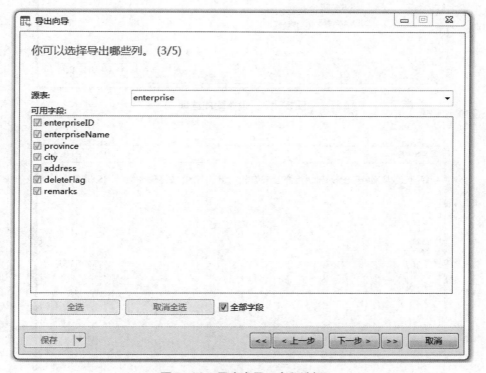

图5-16　导出向导-字段选择

⑥单击"下一步"按钮，弹出附加选项对话框，这里可以设置导出的数据是否包含列的标题，是否要追加到现有文件后面，遇到错误时是否要继续等，如图5-17所示，这里选择包含列的标题以及通过追加方式导出数据。

⑦单击"下一步"按钮，在弹出的对话框中单击"开始"按钮，执行导出，如图5-18所示。

图5-17　设置附加选项

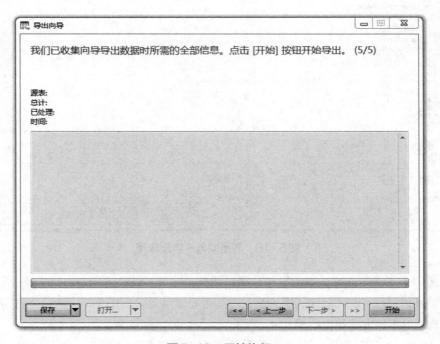

图5-18　开始执行

⑧执行导出成功后，提示图5-19所示信息，单击"关闭"按钮，完成数据表的导出。

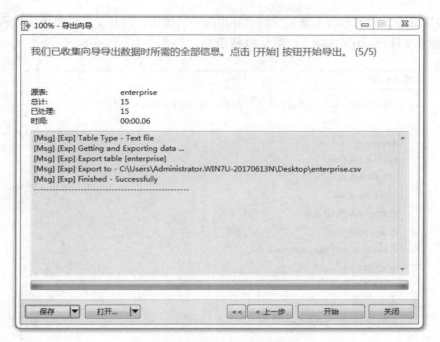

图5-19 导出成功提示

⑨打开CSV文件，文件中的数据和数据表中数据一致，如图5-20所示。

	A	B	C	D	E	F	G	H
1	enterpris	enterpris	province	city	address	remarks	deleteFlag	
2	1	苏州公交公	江苏省	苏州市	人民路12号		0	
3	2	苏州旅游公	江苏省	苏州市	解放路28号		0	
4	3	武汉公交公	湖北省	武汉市	三江路229号		0	
5	4	合肥公交公	安徽省	合肥市	皖南路103号		0	
6	5	济南公交公	山东省	济南市	泉城路208号		0	
7	6	长春公交公	吉林省	长春市	车城路29号		0	
8	7	福州公交公	福建省	福州市	长寿路39号		0	
9	8	广州公交公	广东省	广州市	花城路126号		0	
10	9	石家庄公交	河北省	石家庄市	华北路36号		0	
11	10	郑州公交公	河南省	郑州市	中原路22号		0	
12	11	苏州汽车服	江苏省	苏州市	苏州工业园区星港街2		0	
13	13	无锡汽车服	江苏省	无锡市				
14	14	常州汽车服	江苏省	常州市				
15	15	南京汽车服	江苏省	南京市				
16	16	镇江汽车服	江苏省	镇江市				
17								

图5-20 导出生成的CSV文件

（2）导出数据生成SQL脚本

除了可以将数据表中数据导出生成CSV、Excel等文件外，还可以生成SQL脚本，后续需要导入数据时，直接执行SQL脚本中的INSERT语句也是可以的，步骤如下：

①打开Navicat，连接到MySQL服务器。

②打开相应数据库，选择要导出的数据表（enterprise），右击，在弹出的快捷菜单中选择

"导出向导"命令，或者单击工具栏中的"导出向导"按钮，打开"导出向导"对话框后，选择"SQL 脚本文件(*.sql)"选项，如图 5-21 所示。

图 5-21　选择 SQL 脚本文件

③单击"下一步"按钮，选择存放位置，这里默认导出到桌面，如图 5-22 所示。

图 5-22　选择存放位置

④单击"下一步"按钮，选择要导出的字段，这里默认选择全部字段，如图5-23所示，如果想选择部分字段，取消勾选"全部字段"复选框，然后在可用字段列表框中选择需要的字段。

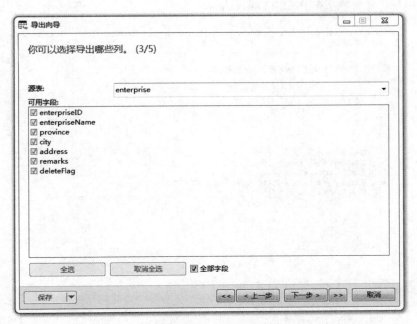

图5-23　选择字段

⑤单击"下一步"按钮，选择是否"包含列的标题"和"遇到错误时继续"选项，如图5-24所示。

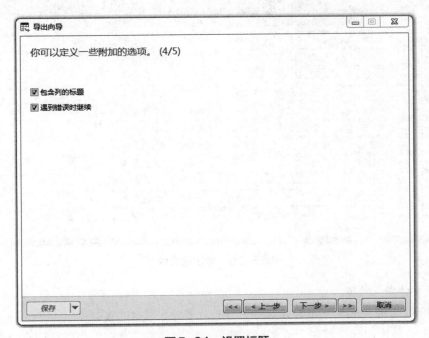

图5-24　设置标题

⑥单击"下一步"按钮，然后单击"开始"按钮，执行导出，执行完毕后，单击"关闭"按钮，完成导出操作，如图5–25所示。在桌面上以记事本方式打开导出后的文件，如图5–26所示，文件中都是非常熟悉的INSERT插入语句。

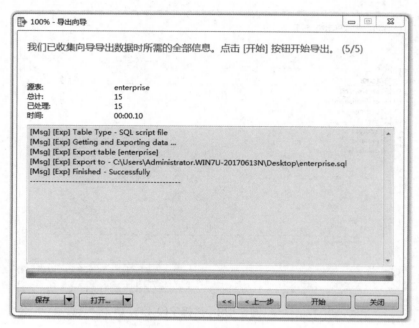

图5-25　导出成功

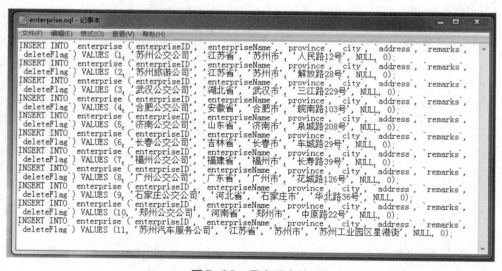

图5-26　导出后文件

（3）从文件导入数据

① 打开Navicat，连接到MySQL服务器，打开要导入数据的数据库。

② 单击"导入向导"按钮，或者在右侧窗格空白处右击并在弹出的快捷菜单中选择"导

入向导"命令，弹出图5-27所示的对话框，选择导入的文件类型，这里选择"Excel文件（ *.xls;*.xlsx ）"选项。

图5-27　选择文件类型

③ 单击"下一步"按钮，选择要导入的文件以及工作表，如图5-28所示。

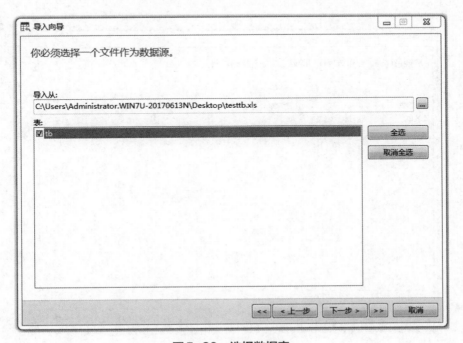

图5-28　选择数据表

④ 单击"下一步"按钮，弹出附加选项对话框，这里可以设置导入行以及格式，如图 5-29 所示。

图5-29　设置附加项

⑤ 单击"下一步"按钮，在弹出的对话框中设置目标表的名称，这里保持默认，如图 5-30 所示。

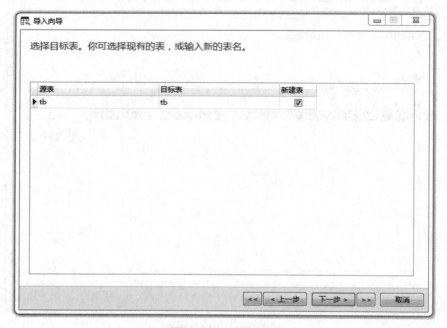

图5-30　设置表名

⑥ 单击"下一步"按钮，在弹出的对话框中设置目标字段的数据类型、长度以及主键属性，如图5-31所示。

图5-31 设置字段类型

⑦ 单击"下一步"按钮，在弹出的对话框中设置导入模式，单击"高级"按钮，可以补充设置一些内容，如图5-32所示。

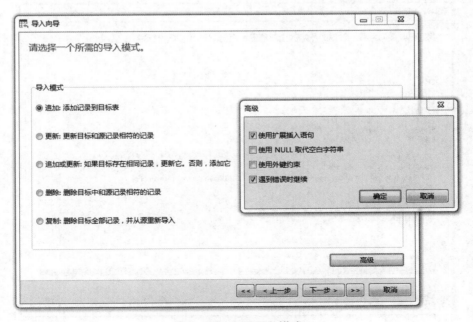

图5-32 设置导入模式

⑧ 单击"下一步"按钮，在弹出的对话框中，单击"开始"按钮，执行导入操作，如图5-33所示。

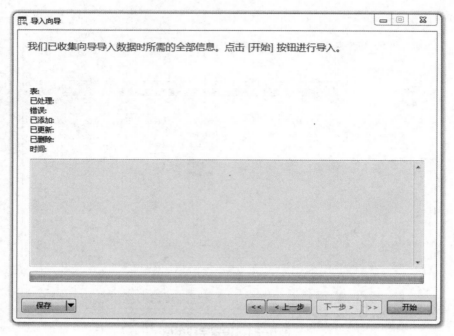

图5-33　执行导入

⑨ 导入成功，如图5-34所示，单击"关闭"按钮，关闭导入窗口。

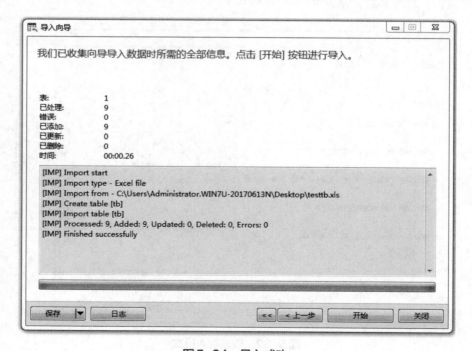

图5-34　导入成功

⑩ 打开数据库中的数据表tb，如图5-35所示。

2. 执行脚本导入数据

如果需要执行脚本文件实现数据的导入，可以选择相应的数据库，右击，在弹出的快捷菜单中选择"运行SQL文件"命令，如图5-36所示，然后在打开的对话框中选择要执行的SQL文件，如图5-37所示，单击"开始"按钮，完成数据的导入。

图5-35　导入的数据

图5-36　选择运行SQL文件

图5-37　选择要执行的文件

3. 通过SELECT和LOAD语句

通过SELECT语句导出文件的语法格式如下：

```
SELECT <输出列表> FROM 数据源 INTO OUTFILE '[文件路径]文件名'[OPTIONS]
```

OPTIONS选项有如下参数：

① FIELDS TERMINATED BY '字符串'：设置字符串为字段之间的分隔符，可以为单个或多个字符。默认值是"\t"。

② FIELDS ENCLOSED BY '字符'：设置字符来括住字段的值，只能为单个字符。默认情况下不使用任何符号。

③ FIELDS OPTIONALLY ENCLOSED BY '字符'：设置字符来括住char、varchar和text等字符型字段。默认情况下不使用任何符号。

④ FIELDS ESCAPED BY '字符'：设置转义字符，只能为单个字符。默认值为"\"。

⑤ LINES STARTING BY '字符串'：设置每行数据开头的字符，可以为单个或多个字符。默认情况下不使用任何字符。

⑥ LINES TERMINATED BY '字符串'：设置每行数据结尾的字符，可以为单个或多个字符。默认值是 "\n"。

注意：FIELDS 和 LINES 两个子句都是可选的，如果两个子句都指定了，则 FIELDS 必须位于 LINES 的前面。

通过 LOAD 语句导入文件语法格式如下：

```
LOAD DATA INFILE fileName INTO TABLE tableName[OPTIONS]
```

任务实施

【例5-8】通过 SELECT 语句将数据库中 enterprise 数据表导出的文本文件存放在 D 盘根目录下。

```
SELECT * FROM enterprise INTO OUTFILE "D:\enterprise.txt"
```

注意：如果文件路径与 MySQL 默认路径不同时会报错，可以通过修改 MySQL 安装路径下面的 "my.ini" 文件中的 "secure-file-priv" 来完成。

【例5-9】通过 SELECT 语句将数据库中 enterprise 数据表导出的 Excel 文件存放在 D 盘根目录下。

```
SELECT * FROM enterprise INTO OUTFILE "D:\enterprise.xls"
```

【例5-10】通过 LOAD 语句将 D 盘根目录下的 testtb.xls 中数据导入到数据库中。

```
LOAD DATA INFILE "D:\testtb.xls" INTO TABLE test;
```

单元小结

本单元主要介绍了通过 INSERT、UPDATE、DELETE 语句向数据表中添加数据、修改数据、删除数据等，在更新数据时，尤其是使用 UPDATE 和 DELETE 语句时，一定要注意 WHERE 条件，否则可能会给数据库造成不可挽回的损失。

课后习题

一、选择题

1. 学生成绩表 grade 中有字段 score（float），现在要把所有在55～60分之间的分数提高5分，以下 SQL 语句正确的是（　　）。

A. Update grade set score=score+5

B. Update grade set score=score+5 where score>=55 or score <=60

C. Update grade set score=score+5 where score between 55 and 60

D. Update grade set score=score+5 where score >=55,score <=60

2. 语句 "DELETE FROM S WHERE 年龄>60" 的功能是（　　）。

A. 从 S 表中彻底删除年龄大于60岁的记录

B. S 表中年龄大于60岁的记录被加上删除标记

C. 删除 S 表

D. 删除 S 表的年龄列

3. 以下连接查询中，仅保留满足条件的记录的连接查询是（　　　）。

A. 内连接　　　　　B. 左外连接

C. 全外连接　　　　D. 右外连接

二、操作题

1. 向车队表中插入一条记录。

2. 同时向车辆表中插入多条记录。

3. 修改车辆表中车牌号为"苏E10001"的备注信息。

4. 修改车辆表中所有江苏省车辆的备注信息。

5. 删除企业表中 deleteFlag 为 1 的数据。

6. 删除整车信息包中所有电流或电压值为 0 的数据。

7. 将所有电池信息表中的数据导出到 Excel 文件中。

8. 通过 Excel 表格导入车辆信息。

单元 6
视 图

视图是一种虚拟数据表，是从一个或者多个数据表中导出来的、只包含动态查询的数据。用户可以通过视图查看自己关心的数据，既方便操作，又能够提高系统的安全性。

■ 学习目标

【知识目标】
- 理解视图的概念。
- 了解视图的作用。
- 掌握视图的创建、修改、删除方法。

【能力目标】
- 能够熟练创建视图。
- 能够熟练修改、删除视图。

▌任务 6.1 创建视图

任务描述

视图在数据库开发中被广泛使用，通过视图可以查看数据表中的数据。可以使用视图来组织一些经常使用的连接查询语句，降低查询语句的复杂度，既可以提高查询效率，也可以提高数据的安全性。

视频

任务 6.1 创建视图

技术要点

1. 视图定义

（1）视图的概念

视图是一种虚拟数据表（Virtual Table），并不实际保存数据，保存的是查询语句的定义。视图中的数据可以从一个或多个数据表中导出，也可以从视图中导出。

在一个实际应用系统中，不同用户所关注的数据是不相同的，不同权限的用户能够查询的数据范围也是不相同的。视图简化了查询，隐藏了某些业务逻辑的复杂度；视图还可以提高系统安全性，对用户授予对视图的执行权限，而不是对底层数据表的权限。视图中数据是动态生成的，它随着被引用数据表中数据的变化而发生变化。

（2）视图的特点

① 集中数据，方便不同用户获取数据。

② 简化复杂的 SQL 查询操作，方便用户的重用，而不必知道其细节。

③ 可以给用户授特定数据的权限，而不是数据表的权限。

④ 返回与数据表不一样格式的数据。

（3）视图的规则与限制

① 视图名不能与其他视图以及数据表同名。

② 视图可以嵌套。

③ 视图不能索引。

④ 视图与表可以一起使用。

2．创建视图

（1）使用 SQL 语句创建

语法结构如下：

```
Create View View_Name
AS
Select_Statement
```

语法说明：

① View：指定要创建的对象为视图。

② View_Name：视图名称。

③ Select_Statement：查询语句。

（2）使用 Navicat 工具创建视图

在 Navicat 中选择相关数据库，然后右击"视图"节点，在弹出的快捷菜单中选择"新建视图"命令，在对话框中选择相关的数据表或视图，然后设置相应的连接、筛选条件，如图6-1所示。

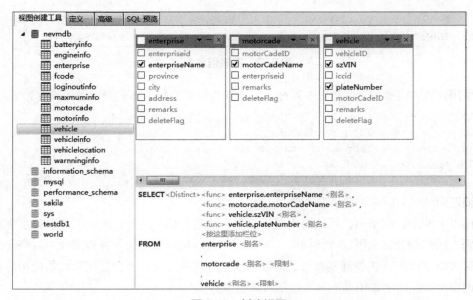

图6-1　创建视图

任务实施

【例6-1】创建一个视图v_vehinfo，通过该视图可以查询企业名称、车队名称、所拥有车辆的车牌号、车架号信息。

分析：要查询的数据分布在多个数据表中，需要将3个数据表关联起来，逻辑上不是很复杂，查询语句如下：

```
SELECT enterpriseName,motorCadeName,plateNumber,szVIN
FROM enterprise JOIN motorcade
ON enterprise.enterpriseID=motorcade.enterpriseID
JOIN vehicle
ON vehicle.motorCadeID=motorcade.motorCadeID
```

查询返回结果如图6-2所示。

enterpriseName	motorCadeName	plateNumber	szVIN
苏州公交公司	1号车队	苏E10001	LHB123456789l0001
苏州公交公司	1号车队	苏E10002	LHB123456789l0002
苏州公交公司	1号车队	苏E10003	LHB123456789l0003
苏州公交公司	1号车队	苏E10004	LHB123456789l0003
苏州公交公司	1号车队	苏E10005	LHB123456789l0005
苏州公交公司	1号车队	苏E10006	LHB123456789l0006
苏州公交公司	1号车队	苏E10007	LHB123456789l0007
苏州公交公司	1号车队	苏E10008	LHB123456789l0008
苏州公交公司	1号车队	苏E10009	LHB123456789l0009
苏州公交公司	1号车队	苏E10010	LHB123456789l0010
苏州公交公司	1号车队	苏E10011	LHB123456789l0011
苏州公交公司	1号车队	苏E10012	LHB123456789l0012
苏州公交公司	2号车队	苏E20001	LHB123456789l20001
苏州公交公司	2号车队	苏E20002	LHB123456789l20002
苏州公交公司	2号车队	苏E20003	LHB123456789l20003
苏州公交公司	2号车队	苏E20004	LHB123456789l20004

图6-2　车辆信息1

如果用户现在需要查看的信息中再增加一个采集终端编号，那么查询语句修改如下：

```
SELECT enterpriseName,motorCadeName,plateNumber,szVIN,iccid
FROM enterprise JOIN motorcade
ON enterprise.enterpriseID=motorcade.enterpriseID
JOIN vehicle
ON vehicle.motorCadeID=motorcade.motorCadeID
```

查询返回结果如图6-3所示。

对比以上两个查询语句，可以看出查询语句在结构上是一致的，唯一不同点就是字段列表有所区别，所以此处完全可以将相同的、常用的查询语句用视图预先在数据库中封装起来，以后需要时可以拿出来直接查询或者与其他数据表进行简单连接，大大方便用户的使用。将上述两个查询中所涉及的字段用如下所示视图封装起来：

enterpriseName	motorCadeName	plateNumber	szVIN	iccid
苏州公交公司	1号车队	苏E10001	LHB123456789 10001	1001
苏州公交公司	1号车队	苏E10002	LHB123456789 10002	1002
苏州公交公司	1号车队	苏E10003	LHB123456789 10003	1003
苏州公交公司	1号车队	苏E10004	LHB123456789 10003	1004
苏州公交公司	1号车队	苏E10005	LHB123456789 10005	1005
苏州公交公司	1号车队	苏E10006	LHB123456789 10006	1006
苏州公交公司	1号车队	苏E10007	LHB123456789 10007	1007
苏州公交公司	1号车队	苏E10008	LHB123456789 10008	1008
苏州公交公司	1号车队	苏E10009	LHB123456789 10009	1009
苏州公交公司	1号车队	苏E10010	LHB123456789 10010	1010
苏州公交公司	1号车队	苏E10011	LHB123456789 10011	1011
苏州公交公司	1号车队	苏E10012	LHB123456789 10012	1012
苏州公交公司	2号车队	苏E20001	LHB123456789 20001	2001
苏州公交公司	2号车队	苏E20002	LHB123456789 20002	2002
苏州公交公司	2号车队	苏E20003	LHB123456789 20003	2003
苏州公交公司	2号车队	苏E20004	LHB123456789 20004	2004

图6-3 车辆信息2

```
CREATE VIEW v_vehinfo
AS
SELECT enterpriseName,motorCadeName,plateNumber,szVIN,iccid
FROM enterprise JOIN motorcade
ON enterprise.enterpriseID=motorcade.enterpriseID
JOIN vehicle
ON vehicle.motorCadeID=motorcade.motorCadeID
```

视图创建完成后，视图目录下面自动添加一个视图对象，如图6-4所示。

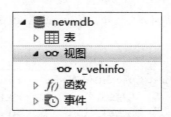

图6-4 创建好的视图

【例6-2】创建一个视图v_szwarveh，通过该视图可以查询"苏州公交公司"所有车辆的故障信息。

```
CREATE VIEW v_szwarveh
AS
SELECT enterpriseName,motorCadeName,vehicle.szVIN,plateNumber,
bBattery_Error_Code,bMotor_Error_Code,bEngine_Error_Code
FROM enterprise JOIN motorcade
ON enterprise.enterpriseid=motorcade.enterpriseid
JOIN vehicle
ON vehicle.motorCadeID=motorcade.motorCadeID
JOIN warnninginfo
```

```
ON warnninginfo.szVIN=vehicle.szVIN
WHERE enterpriseName='苏州公交公司'
```

任务6.2 应用视图

任务描述

视图创建好后以后，可以直接从视图中查询数据，也可以将视图与其他数据表关联作为数据源，从中查询数据，甚至还可以通过视图修改数据。

技术要点

1. 通过视图查询数据

视图就是一个虚拟的数据表，通过视图查询数据，与通过数据表查询数据完全一样，结构更简单、更方便。

2. 查看视图

视图是一种特殊的数据表，可以通过DESCRIBE语句和SHOW CREATE VIEW语句查看视图的定义，语法规则如下：

```
DESCRIBE 视图名
SHOW CREATE VIEW 视图名
```

任务实施

【例6-3】通过视图v_vehinfo，查询苏州公交公司1号车队的汽车信息，包含车队名称以及车牌号信息。

```
SELECT enterpriseName,motorCadeName,plateNumber
FROM v_vehinfo
WHERE enterpriseName='苏州公交公司' AND motorCadeName='1号车队'
```

查询返回结果如图6-5所示。

enterpriseName	motorCadeName	plateNumber
苏州公交公司	1号车队	苏E10001
苏州公交公司	1号车队	苏E10002
苏州公交公司	1号车队	苏E10003
苏州公交公司	1号车队	苏E10004
苏州公交公司	1号车队	苏E10005
苏州公交公司	1号车队	苏E10006
苏州公交公司	1号车队	苏E10007
苏州公交公司	1号车队	苏E10008
苏州公交公司	1号车队	苏E10009
苏州公交公司	1号车队	苏E10010
苏州公交公司	1号车队	苏E10011
苏州公交公司	1号车队	苏E10012

图6-5 车辆信息

【例6-4】通过视图 v_szwarveh，查询"苏州公交公司"1号车队的故障信息。

视图 v_szwarveh 中的内容包含了所有"苏州公交公司"车辆的故障信息，只需要到该视图中查找相关数据即可，非常方便。

查询语句如下：

```
SELECT * FROM v_szwarveh
WHERE motorCadeName='1号车队'
```

查询返回结果如图6-6所示。

enterpriseName	motorCadeName	szVIN	plateNumber	bBattery_Error_Code	bMotor_Error_Code	bEngine_Error_Code
苏州公交公司	1号车队	LHB12345678910001	苏E10001	(Null)	m03	(Null)
苏州公交公司	1号车队	LHB12345678910002	苏E10002	b08	(Null)	(Null)
苏州公交公司	1号车队	LHB12345678910001	苏E10001	(Null)	m02	(Null)
苏州公交公司	1号车队	LHB12345678910005	苏E10005	(Null)	m04	(Null)
苏州公交公司	1号车队	LHB12345678910007	苏E10007	b06	(Null)	(Null)
苏州公交公司	1号车队	LHB12345678910001	苏E10001	(Null)	m03	(Null)
苏州公交公司	1号车队	LHB12345678910005	苏E10005	b03	(Null)	(Null)
苏州公交公司	1号车队	LHB12345678910006	苏E10006	(Null)	(Null)	(Null)

图6-6 1号车队故障信息

【例6-5】通过视图 v_vehinfo，查询车架号为"LHB12345678910001"的电池信息，查询内容包括企业名称、车牌号、车架号、实时时间、电压、电流，查询结果按照实时时间倒序排列，取前10条记录。

视图 v_vehinfo 中已经包含了车辆的基本信息，可以直接通过视图 v_vehinfo 与电池信息表进行连接获取相关数据。

查询语句如下：

```
SELECT enterpriseName,plateNumber,batteryinfo.szVIN,
sTime,wBattery_Voltage,wBattery_Current
FROM v_vehinfo join batteryinfo
ON v_vehinfo.szVIN=batteryinfo.szVIN
WHERE batteryinfo.szVIN='LHB12345678910001'
ORDER BY sTime DESC
LIMIT 10
```

查询返回结果如图6-7所示。

enterpriseName	plateNumber	szVIN	sTime	wBattery_Voltage	wBattery_Current
苏州公交公司	苏E10001	LHB12345678910001	2018-08-12 14:05:40	369	55
苏州公交公司	苏E10001	LHB12345678910001	2018-08-12 14:05:22	365	51
苏州公交公司	苏E10001	LHB12345678910001	2018-08-12 14:05:14	333	50
苏州公交公司	苏E10001	LHB12345678910001	2018-08-12 14:04:59	317	44
苏州公交公司	苏E10001	LHB12345678910001	2018-08-12 14:04:50	311	38.5
苏州公交公司	苏E10001	LHB12345678910001	2018-08-12 14:04:35	328	40
苏州公交公司	苏E10001	LHB12345678910001	2018-08-12 14:04:23	333.5	41
苏州公交公司	苏E10001	LHB12345678910001	2018-08-12 14:04:03	322	39
苏州公交公司	苏E10001	LHB12345678910001	2018-08-12 14:03:53	311.5	40
苏州公交公司	苏E10001	LHB12345678910001	2018-08-12 14:03:50	315	38

图6-7 电源信息

【例6-6】分别通过DESCIBE语句和SHOW CREATE VIEW语句查询视图v_vehinfo的定义。

```
DESCRIBE v_vehinfo
```

查询返回结果如图6-8所示。

Field	Type	Null	Key	Default	Extra
enterpriseName	varchar(100)	NO		(Null)	
motorCadeName	varchar(50)	NO		(Null)	
plateNumber	varchar(20)	YES		(Null)	
szVIN	varchar(30)	YES		(Null)	
iccid	varchar(100)	YES		(Null)	

图6-8　视图定义1

DESCRIBE 可以简写为 DESC。

```
SHOW CREATE VIEW v_vehinfo
```

查询返回结果如图6-9所示。

View	Create View	character_set_client	collation_connection
v_vehinfo	CREATE ALGORITHM=UND	utf8	utf8_general_ci

图6-9　视图定义2

任务6.3　管理视图

任务描述

创建好的视图可以进行修改，不用的视图可以删除。

技术要点

1. 修改视图

如果基本表中的字段发生改变，依赖此基本表的视图可能也要进行相应修改，修改视图可以通过ALTER VIEW或CREATE OR REPLACE VIEW语句进行。

（1）ALTER VIEW

ALTER VIEW修改视图的定义，语法结构如下：

```
ALTER VIEW< 视图名 >AS<SELECT 语句 >
```

语法说明：

① <视图名>：指定视图的名称。该名称在数据库中必须是唯一的，不能与其他表或视图同名。

② <SELECT 语句>：指定创建视图的SELECT语句，可用于查询多个基础表或源视图。

注意：对于 ALTER VIEW 语句的使用，需要用户具有针对视图的 CREATEVIEW 和 DROP 权限，以及由 SELECT 语句选择的每一列上的某些权限。修改视图的定义，除了可以使用 ALTER VIEW 语句外，也可以先使用 DROP VIEW 语句删除视图，再使用 CREATE VIEW 语句来实现。

（2）CREATE OR REPLACE VIEW

```
CREATE OR REPLACE[ALGORITHM={UNDEFINED|MERGE|TEMPTABLE}]
VIEW 视图名 [(属性清单)]
```

AS SELECT 语句

```
[WITH[CASCADED|LOCAL] CHECK OPTION];
```

语法说明：

① ALGORITHM：可选。表示视图选择的算法。

② UNDEFINED：表示 MySQL 将自动选择所要使用的算法。

③ MERGE：表示将使用视图的语句与视图定义合并起来，使得视图定义的某一部分取代语句的对应部分。

④ TEMPTABLE：表示将视图的结果存入临时表，然后使用临时表执行语句。

⑤ 视图名：表示要创建的视图的名称。

⑥ 属性清单：可选。指定了视图中各个属性的名词，默认情况下，与 SELECT 语句中查询的属性相同。

⑦ SELECT 语句：是一个完整的查询语句，表示从某个表中查出某些满足条件的记录，将这些记录导入视图。

⑧ WITH CHECK OPTION：可选。表示修改视图时要保证在该视图的权限范围之内。

⑨ CASCADED：可选。表示修改视图时，需要满足与该视图有关的所有相关视图和表的条件，该参数为默认值。

⑩ LOCAL：表示修改视图时，只要满足该视图本身定义的条件即可。

注意：使用 CREATE OR REPLACE VIEW 语句时若数据库中已经存在这个名字的视图则替代它，若没有则创建视图；CREATE VIEW 语句则不进行判断，若数据库中已经存在则报错，提示视图对象已存在。

2. 删除视图

可以使用 DROP VIEW 语句来删除无用的视图。

语法规则如下：

```
DROP VIEW< 视图名 1>[,< 视图名 2>…]
```

其中<视图名>指定要删除的视图名。DROP VIEW 语句可以一次删除多个视图，但是必须在每个视图上拥有 DROP 权限。

如果使用 Navicat 删除视图，可以在当前数据库中展开"视图"节点，右击要删除的视图，在弹出的快捷菜单中选择"删除视图"命令，如图 6-10 所示；或者单击要删除的视图，然后单击上方的"删除视图"按钮，如图 6-11 所示。

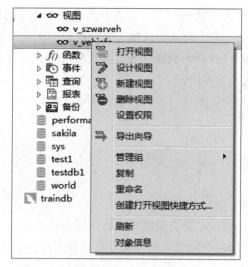

图6-10　删除视图1

图6-11　删除视图2

任务实施

【例6-7】修改视图v_vehinfo，添加企业所在省份属性。

```
ALTER VIEW v_vehinfo
AS
SELECT province,enterpriseName,motorCadeName,plateNumber,szVIN,iccid
FROM enterprise JOIN motorcade
ON enterprise.enterpriseID=motorcade.enterpriseID
JOIN vehicle
ON vehicle.motorCadeID=motorcade.motorCadeID
```

执行SELECT　*　FROM v_vehinfo查询，结果如图6-12所示。

province	enterpriseName	motorCadeName	plateNumber	szVIN	iccid
江苏省	苏州公交公司	1号车队	苏E10001	LHB12345678910001	1001
江苏省	苏州公交公司	1号车队	苏E10002	LHB12345678910002	1002
江苏省	苏州公交公司	1号车队	苏E10003	LHB12345678910003	1003
江苏省	苏州公交公司	1号车队	苏E10004	LHB12345678910003	1004
江苏省	苏州公交公司	1号车队	苏E10005	LHB12345678910005	1005
江苏省	苏州公交公司	1号车队	苏E10006	LHB12345678910006	1006
江苏省	苏州公交公司	1号车队	苏E10007	LHB12345678910007	1007
江苏省	苏州公交公司	1号车队	苏E10008	LHB12345678910008	1008
江苏省	苏州公交公司	1号车队	苏E10009	LHB12345678910009	1009
江苏省	苏州公交公司	1号车队	苏E10010	LHB12345678910010	1010
江苏省	苏州公交公司	1号车队	苏E10011	LHB12345678910011	1011
江苏省	苏州公交公司	1号车队	苏E10012	LHB12345678910012	1012

图6-12　更新后的视图信息

还可以先删除视图，然后再重新创建。

```
DROP VIEW v_vehinfo

CREATE VIEW v_vehinfo
AS
SELECT province,enterpriseName,motorCadeName,plateNumber,szVIN,iccid
FROM enterprise JOIN motorcade
ON enterprise.enterpriseID=motorcade.enterpriseID
JOIN vehicle
ON vehicle.motorCadeID=motorcade.motorCadeID
```

也可以通过CREATE OR REPLACE VIEW语句修改：

```
CREATE OR REPLACE VIEW v_vehinfo
AS
SELECT province,enterpriseName,motorCadeName,plateNumber,szVIN,iccid
FROM  enterprise JOIN motorcade
ON enterprise.enterpriseID=motorcade.enterpriseID
JOIN vehicle
ON vehicle.motorCadeID=motorcade.motorCadeID
```

■ 单元小结

视图是基于SQL语句结果集的虚拟数据表，它的结构和内容完全来自于基本表，方便用户查看数据，也可以防止用户接触数据表，从而提高系统安全性。

■ 课后习题

操作题

1. 创建一个视图vszveh，可以查看所有"苏州公交公司"的车辆驱动电机信息。
2. 创建一个视图vlogin，可以查看所有最新在线车辆信息，包含车架号、车牌号。
3. 通过视图vlogin查询所有江苏省的在线车辆信息。

单元 7
MySQL 索引与优化

数据库中使用最频繁的操作就是查询，当数据量非常大时，查询数据的速度就会变慢，造成资源的浪费，通过索引可以快速定位数据库中的特定信息，通过对查询语句的优化可以大幅提高查询效率。

■ 学习目标

【知识目标】
- 了解索引的作用。
- 了解优化的途径。

【能力目标】
- 能够熟练创建索引。
- 能够对慢查询进行优化。

▍任务 7.1 索 引

视频

任务 7.1 索引

任务描述

索引是一种可以加快数据检索的数据结构。索引可以使数据库程序无须对数据表进行全表扫描就快速找到需要的数据，从而提高查询效率。使用索引可以提高系统的性能，还可以降低服务器负载。

技术要点

1. 索引的概念

索引提供了指向数据表中指定字段的指针，就像书籍中的目录一样，根据索引，可以快速定位数据。

索引是一种特殊的文件（InnoDB 数据表上的索引是表空间的一个组成部分），它包含着对数据表中所有记录的引用指针。更通俗地说，数据库索引好比是一本书的目录，能加快数据库的查询速度。

索引分为聚簇索引和非聚簇索引两种，聚簇索引是按照数据存放的物理位置为顺序的，而非聚簇索引就不一样了，聚簇索引能提高多行检索的速度，非聚簇索引却对单行的检索很快。

注意：建立太多的索引将会影响更新和插入的速度，因为索引需要更新每个索引文件。对于一个经常需要更新和插入的表格，就没有必要为一个很少使用的WHERE字句单独建立索引了，对于比较小的表，排序的开销不会很大，也没有必要建立另外的索引。

2. 索引的优缺点

（1）优点

索引可以快速检索，减少I/O次数，加快检索速度；根据索引分组和排序，可以加快分组和排序。

（2）缺点

索引本身也是表，因此会占用存储空间，一般来说，索引表占用的空间的是数据表的1.5倍；索引表的维护和创建需要时间成本，这个成本随着数据量增大而增大；构建索引会降低数据表的修改操作（删除、添加、修改）的效率，因为在修改数据表的同时还需要修改索引表。

3. 索引分类

（1）普通索引

普通索引（由关键字KEY或INDEX定义的索引）的唯一任务是加快对数据的访问速度。因此，应该只为那些最经常出现在查询条件（WHERE column=…）或排序条件（ORDER BY column）中的数据列创建索引。只要有可能，就应该选择一个数据最整齐、最紧凑的数据列（如一个整数类型的数据列）来创建索引。

（2）唯一索引

唯一索引与普通索引类似，两者的不同是：索引列的值必须唯一，但允许有空值（注意和主键不同）；如果是组合索引，则列值的组合必须唯一，创建方法和普通索引类似。

如果能确定某个数据列将只包含彼此各不相同的值，在为这个数据列创建索引的时候就应该用关键字UNIQUE把它定义为一个唯一索引。这么做的好处：一是简化了MySQL对这个索引的管理工作，这个索引也因此而变得更有效率；二是MySQL会在有新记录插入数据表时，自动检查新记录的这个字段的值是否已经在某个记录的这个字段里出现过了，如果是，MySQL将拒绝插入那条新记录，也就是说，唯一索引可以保证数据记录的唯一性。事实上，在许多场合，人们创建唯一索引的目的往往不是为了提高访问速度，而只是为了避免数据出现重复。

（3）主键索引

主键字段创建一个索引，这个索引就是所谓的"主索引"。主索引与唯一索引的唯一区别是：前者在定义时使用的关键字是PRIMARY而不是UNIQUE。

（4）复合索引

在表的多个字段上创建索引，当查询条件中使用了这些字段的左边字段时，索引会被调用，组合索引遵循左前缀集合。

（5）全文索引

全文（FULLTEXT）索引，仅可用于MyISAM和InnoDB。针对较大的数据，生成全文索引非常消耗时间和空间。对于文本的大对象，或者较大的char类型的数据，如果使用普通索引，那么匹配文本前几个字符还是可行的，但是想要匹配文本中间的几个单词，那么就要使用LIKE %word%来匹配，这样需要很长的时间来处理，响应时间会大大增加，这种情况下，就可使用全文索引了，在生成全文索引时，会为文本生成一份单词的清单，在索引时及根据这个单词的清单来索引。

（6）空间索引

空间索引是指对空间数据类型的字段建立的索引。

4. 创建索引

（1）创建普通索引

直接创建索引：

```
CREATE INDEX index_name ON table_name(column_name(length))
```

修改表结构的方式添加索引：

```
ALTER ABLE table_name ADD INDEX index_name ON (column_name)
```

创建表的同时创建索引：

```
CREATE TABLE table_name(
    Id int(11) NOT NULL AUTO_INCREMENT,
    title char(255) NOT NULL,
    PRIMARY KEY (id),
    INDEX index_name (title)
)ENGINE=InnoDB DEFAULT CHARSET=utf8mb4;
```

（2）创建唯一索引

单独创建唯一索引：

```
CREATE UNIQUE INDEX index_name ON table_name(column_name)
```

修改表结构时创建：

```
ALTER TABLE table_name ADD UNIQUE index_name ON (column_name)
```

创建表时直接指定：

```
CREATE TABLE table_name(
    Id int(11) NOT NULL AUTO_INCREMENT,
    title char(255) NOT NULL,
    PRIMARY  KEY(id),
    UNIQUE  index_name(title)
);
```

（3）创建全文索引

创建表时添加全文索引：

```
CREATE  TABLE  table_name(
    id  nt(11)   NOT  NULL  AUTO_INCREMENT ,
    content  text  CHARACTER SET utf8 COLLATEutf8_general_ci NULL,
    PRIMARY KEY (id),
    FULLTEXT(content)
);
```

修改表结构添加全文索引：

```
ALTER TABLE table_name ADD FULLTEXT index_name(column_name)
```

直接创建全文索引：

```
CREATE FULLTEXT INDEX index_name ON table_name(column_name)
```

（4）创建复合索引

```
CREATE INDEX mytable_categoryid_userid ON mytable（字段1，字段2）;
```

5. 索引的使用

（1）使用索引的场合

① 主键自动建立唯一索引。

② 经常作为查询条件在 WHERE 或者 ORDER BY 语句中出现的列要建立索引。

③ 作为排序的列要建立索引。

④ 查询中与其他表关联的字段，外键关系建立索引。

⑤ 高并发条件下倾向组合索引。

⑥ 用于聚合函数的列可以建立索引，例如使用了 max(column_1)或者 count(column_1)时的 column_1 就需要建立索引。

（2）不要使用索引的场合

① 经常增删改的列不要建立索引。

② 有大量重复的列不建立索引。

③ 表记录太少不要建立索引。只有当数据库里已经有了足够多的测试数据时，它的性能测试结果才有实际参考价值。如果在测试数据库里只有几百条数据记录，它们往往在执行完第一条查询命令之后就被全部加载到内存里，这将使后续的查询命令都执行得非常快。只有当数据库里的记录超过了 1000 条、数据总量也超过了 MySQL 服务器上的内存总量时，数据库的性能测试结果才有意义。

（3）索引失效的情况

① 在组合索引中不能有列的值为 NULL，如果有，那么这一列对组合索引就是无效的。

② 在一个 SELECT 语句中，索引只能使用一次，如果在 WHERE 中使用了，那么在 ORDER BY 中就不要用了。

③ LIKE 操作中，'%aaa%' 不会使用索引，也就是索引会失效，但是 'aaa%' 可以使用索引。

④ 在索引的列上使用表达式或者函数会使索引失效，例如，SELECT * FROM users WHERE YEAR(adddate)<2007，将在每个行上进行运算，这将导致索引失效而进行全表扫描，因此可以改成 SELECT * FROM users WHERE adddate<'2007-01-01'。其他通配符同样。也就是说，在查询条件中使用正则表达式时，只有在搜索模板的第一个字符不是通配符的情况下才能使用索引。

⑤ 在查询条件中使用不等于，包括"<"符号、">"符号和"！="会导致索引失效。特别的是，如果对主键索引使用"！="则不会使索引失效，对主键索引或者整数类型的索引使用"<"符号或者">"符号不会使索引失效。

⑥ 在查询条件中使用 IS NULL 或者 IS NOT NULL 会导致索引失效。

⑦ 字符串不加单引号会导致索引失效。更准确地说是类型不一致会导致失效。比如，字段 email 是字符串类型的，使用 WHERE email=99999 则会导致失败，应该改为 WHERE email='99999'。

⑧ 在查询条件中使用 OR 连接多个条件会导致索引失效，除非 OR 链接的每个条件都加上

索引，这时应该改为两次查询，然后用UNION ALL连接起来。

⑨ 如果排序的字段使用了索引，那么SELECT的字段也要是索引字段，否则索引失效。特别的是，如果排序的是主键索引，则SELECT * 也不会导致索引失效。

⑩ 尽量不要包括多列排序，如果一定要，最好构建组合索引。

6. 查看索引

使用SHOW INDEX语句可以查看已经创建好的索引，语法规则如下：

```
SHOW INDEX FROM table_name
```

任务实施

【例7-1】为企业表enterprise的企业名称字段创建一个唯一性索引。

```
CREATE UNIQUE INDEX index_uename ON enterprise(enterpriseName)
```

使用SHOW INDEX语句查看企业表enterprise上已经创建好的索引。

```
SHOW INDEX FROM enterprise
```

返回结果如图7-1所示。

```
mysql> SHOW INDEX FROM enterprise;
+------------+------------+-------------+--------------+--------------+
-+-------------+
| Table      | Non_unique | Key_name    | Seq_in_index | Column_name  |
| Index_comment |
+------------+------------+-------------+--------------+--------------+
-+-------------+
| enterprise |          0 | PRIMARY     |            1 | enterpriseid |
|            |
| enterprise |          0 | index_uename|            1 | enterpriseName |
|            |
+------------+------------+-------------+--------------+--------------+
-+-------------+
2 rows in set
```

图7-1　查询enterprise表上索引

使用DROP INDEX语句可以删除已经创建好的索引。

```
DROP INDEX index_uename ON enterprise
```

【例7-2】通过图形向导为车辆表vehicle的车牌号创建普通索引。

```
CREATE INDEX index_vp  ON  vehicle (plateNumber)
```

使用SHOW INDEX语句查看企业表vehicle上已经创建好的索引。

```
SHOW INDEX FROM vehicle;
```

返回结果如图7-2所示。

```
mysql> SHOW INDEX FROM vehicle;
+---------+------------+-----------+--------------+--------------+
-------+
| Table   | Non_unique | Key_name  | Seq_in_index | Column_name  |
omment |
+---------+------------+-----------+--------------+--------------+
-------+
| vehicle |          0 | PRIMARY   |            1 | vehicleID    |
|       |
| vehicle |          1 | index_vp  |            1 | plateNumber  |
|       |
+---------+------------+-----------+--------------+--------------+
-------+
2 rows in set
```

图7-2　查询vehicle表上索引

任务7.2　优　　化

任务描述

当应用系统的数据量越来越大时，SQL语句的性能问题会逐渐显露出来，如果不注意对系统的优化，那么系统的性能会越来越低，影响用户的使用体验。

技术要点

1. 掌握各种SQL语句的执行频率

可以通过SHOW STATUS语句了解本系统各种SQL的执行频率，语句如下：

```
SHOW STATUS like'Com_%';
```

返回结果如图7-3所示。

```
mysql> show status like 'Com_%';
+-----------------------+-------+
| Variable_name         | Value |
+-----------------------+-------+
| Com_admin_commands    | 0     |
| Com_alter_db          | 0     |
| Com_alter_event       | 0     |
| Com_alter_table       | 0     |
| Com_analyze           | 0     |
| Com_backup_table      | 0     |
| Com_begin             | 0     |
| Com_call_procedure    | 0     |
| Com_change_db         | 1     |
| Com_change_master     | 0     |
| Com_check             | 0     |
| Com_checksum          | 0     |
| Com_commit            | 0     |
| Com_create_db         | 0     |
| Com_create_event      | 0     |
| Com_create_function   | 0     |
| Com_create_index      | 0     |
| Com_create_table      | 0     |
| Com_create_user       | 0     |
| Com_dealloc_sql       | 0     |
| Com_delete            | 0     |
| Com_delete_multi      | 0     |
| Com_do                | 0     |
| Com_drop_db           | 0     |
| Com_drop_event        | 0     |
```

图7-3　各种SQL的执行次数

每个Com语句都表示相关语句执行的次数，如Com_select表示查询执行的次数，Com_insert表示插入数据执行的次数，Com_update表示更新语句执行的次数，Com_delete表示删除数据执行的次数。

通过对这些语句的统计，可以了解当前数据库的应用是以查询操作为主还是以更新操作为主，不同的操作模式，优化的方向也不尽相同。

2. 分析SQL语句的执行计划

通过explain语句可以获取SELECT语句的执行信息，如执行如下语句：

```
mysql>explain SELECT vehicleID,iccid,szVIN,plateNumber,motorcade.
motorCadeID,motorcade.motorCadeName,enterpriseName FROM vehicle join
motorcade ON vehicle.motorCadeID=motorcade.motorCadeID JOIN enterprise ON
enterprise.enterpriseID=motorcade.enterpriseID;
```

语句说明：

① select_type：查询的类型，取值为SAMPLE表示不使用连接或者子查询的简单表，

PRIMARY 表示主查询，UNION 表示后面的查询语句，SUBQUERY 表示子查询中的第一个 SELECT 语句。

② table：输出结果集的表。

③ type：访问类型。

返回结果如图 7-4 所示。

```
mysql> explain SELECT vehicleID ,iccid ,szVIN ,plateNumber,
motorcade.motorCadeID,motorcade.motorCadeName,enterpriseName
FROM vehicle join motorcade ON vehicle.motorCadeID =motorcade.motorCadeID
JOIN enterprise ON enterprise.enterpriseID =motorcade.enterpriseID;
+----+-------------+------------+------------+--------+---------------+---------+---------+------------------------------+------+----------+-------+
| id | select_type | table      | partitions | type   | possible_keys | key     | key_len | ref                          | rows | filtered | Extra |
+----+-------------+------------+------------+--------+---------------+---------+---------+------------------------------+------+----------+-------+
|  1 | SIMPLE      | motorcade  | NULL       | ALL    | PRIMARY       | NULL    | NULL    | NULL                         |   12 |      100 | Using where |
|  1 | SIMPLE      | enterprise | NULL       | eq_ref | PRIMARY       | PRIMARY | 8       | nevmdb.motorcade.enterpriseid |    1 |      100 | Using where |
|  1 | SIMPLE      | vehicle    | NULL       | ALL    | NULL          | NULL    | NULL    | NULL                         |  109 |       10 | Using where; Using join buffer (Block Nested Loop) |
+----+-------------+------------+------------+--------+---------------+---------+---------+------------------------------+------+----------+-------+
3 rows in set
```

图7-4 执行计划

3. 常用的优化方法

（1）分析表

MySQL 中使用 ANALYZE TABLE 语句来分析表，该语句的基本语法如下：

```
ANALYZE TABLE 表名1[, 表名2…] ;
```

语句执行结果如图 7-5 所示。

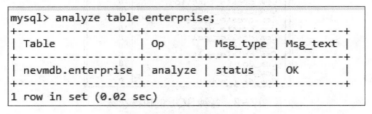

```
mysql> analyze table enterprise;
+-------------------+---------+----------+----------+
| Table             | Op      | Msg_type | Msg_text |
+-------------------+---------+----------+----------+
| nevmdb.enterprise | analyze | status   | OK       |
+-------------------+---------+----------+----------+
1 row in set (0.02 sec)
```

图7-5 分析表

图 7-5 中，各参数含义如下：

① Table：表示表的名称。

② Op：表示执行的操作。analyze 表示进行分析操作，check 表示进行检查查找，optimize 表示进行优化操作。

③ Msg_type：表示信息类型，其显示的值通常是状态、警告、错误和信息这4者之一。

④ Msg_text：显示信息。

使用 ANALYZE TABLE 分析表的过程中，数据库系统会对表加一个只读锁。在分析期间，只能读取表中的记录，不能更新和插入记录。ANALYZE TABLE 语句能够分析 InnoDB 和 MyISAM 类型的表。

（2）检查表

MySQL 中使用 CHECK TABLE 语句来检查表，如图 7-6 所示。CHECK TABLE 语句能够检

查 InnoDB 和 MyISAM 类型的表是否存在错误。而且，该语句还可以检查视图是否存在错误。
该语句的基本语法如下：

```
CHECK TABLE 表名1[,表名2…][option];
```

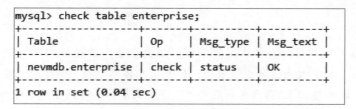

图7-6　检查表

其中，option 参数有 5 个参数，分别是 QUICK、FAST、CHANGED、MEDIUM 和
EXTENDED。这 5 个参数的执行效率依次降低。option 选项只对 MyISAM 类型的表有效，对
InnoDB 类型的表无效。CHECK TABLE 语句在执行过程中也会给表加上只读锁。

（3）优化表

MySQL 中使用 OPTIMIZE TABLE 语句来优化表，如图 7-7 所示。该语句对 InnoDB 和
MyISAM 类型的表都有效。但是，OPTILMIZE TABLE 语句只能优化表中的 VARCHAR、BLOB
或 TEXT 类型的字段。OPTILMIZE TABLE 语句的基本语法如下：

```
OPTIMIZE TABLE 表名1[,表名2…];
```

```
mysql> optimize table enterprise;
+-------------------+----------+----------+----------+
| Table             | Op       | Msg_type | Msg_text |
+-------------------+----------+----------+----------+
| nevmdb.enterprise | optimize | status   | OK       |
+-------------------+----------+----------+----------+
1 row in set (0.33 sec)
```

图7-7　优化表

通过 OPTIMIZE TABLE 语句可以消除删除和更新造成的磁盘碎片，从而减少空间的浪费。
OPTIMIZE TABLE 语句在执行过程中也会给表加上只读锁。

说明：如果一个表使用了 TEXT 或者 BLOB 这样的数据类型，那么更新、删除等操作就会
造成磁盘空间的浪费。这是因为，更新和删除操作后，以前分配的磁盘空间不会自动收回。使
用 OPTIMIZE TABLE 语句就可以将这些磁盘碎片整理出来，以便以后再利用。

（4）优化数据导入

当用 LOAD 导入大量数据时，可以通过如下设置提高导入速度：

```
ALTER TABLE tb_name DISABLE KEYS;
Loading the data
ALTER TABLE tb_name ENABLE KEYS
```

在导入大量数据时，通过 DISABLE KEYS 和 ENABLE KEYS 能够打开和关闭 MyISAM 表
非唯一索引的更新，可以提高导入效率。导入大量数据到 MyISAM 空表时，默认是先导入数
据，然后才创建索引，可以不需要设置。

当用 INSERT 添加数据时，如果同时插入多行，可尽量使用多个表值的 INSERT 语句，这种方式可以大大缩减客户端与数据库之间的连接、关闭操作的时间消耗。

```
INSERT INTO tb_name values(v11,v12,v13),(v21,v22,v23),(v31,v32,v33)
```

■ 单元小结

当数据库中数据非常多时，如果没有索引，数据查询的速度会越来越慢，用户体验会变差，通过创建索引，可以大大提高查询效率，提升用户体验。在不确定应该在哪些数据列上创建索引的时候，可以通过 EXPLAIN 语句获取查询效率慢的原因，从而创建合理的索引。

■ 课后习题

操作题

1. 为电池数据表中的 wBattery_Voltage 和 wBattery_Current 创建索引。
2. 为车辆表的车牌号创建唯一索引。
3. 对电池表和电机表进行优化。

单元 8
数据库编程

存储过程和函数是数据库中非常重要的两个数据库对象，它们是一组提前定义好的SQL语句集，应用程序可以直接调用存储与函数，减少开发人员的编码量，减少数据传输量，提高系统的运行效率。

学习目标

【知识目标】
- 理解变量的定义与使用。
- 理解程序控制结构。
- 理解存储过程、函数的创建。
- 理解存储过程、函数的调用。

【能力目标】
- 能够熟练使用变量和控制结构。
- 能够熟练创建存储过程与函数。
- 能够熟练调用存储过程与函数。

任务 8.1　SQL 编程基础

任务描述

开发人员在编写存储过程与函数时，首先要掌握SQL语言的语法规范及语言基础，搞清楚常量与变量的定义，以及如何试用控制结构。

技术要点

1. 常量与变量

（1）常量

常量也称标量值，是指在程序运行过程中其值保持不变。

（2）变量

变量是相对于常量而言的，变量在程序执行过程中，其值是可能改变的。利用变量可以存储程序执行过程中涉及的数据。

在MySQL中，变量可以分为系统变量和用户变量。系统变量以两个@符号开头，如表示系统版本@@Version。为了与其他数据库产品保持一致，一些特定的系统变量不需要在前面加两个@符号，如表示系统日期的CURRENT_DATE，表示系统时间的CURRENT_TIME。

执行如下语句：

```
mysql>SELECT@@Version;
```

返回结果如图8-1所示。

执行如下语句：

```
mysql>select CURRENT_DATE,CURRENT_TIME;
```

返回结果如图8-2所示。

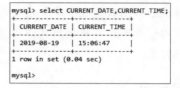

图8-1　返回版本信息　　　　　　　　　　图8-2　返回日期和时间

查看所有系统变量，可以使用如下语句：

```
mysql>show variables;
```

返回结果如图8-3所示。

```
mysql> show variables;
+------------------------------+-------------------------------------------+
| Variable_name                | Value                                     |
+------------------------------+-------------------------------------------+
| auto_increment_increment     | 1                                         |
| auto_increment_offset        | 1                                         |
| autocommit                   | ON                                        |
| automatic_sp_privileges      | ON                                        |
| back_log                     | 50                                        |
| basedir                      | C:\Program Files (x86)\MySQL\MySQL Server 5.1\ |
| big_tables                   | OFF                                       |
| binlog_cache_size            | 32768                                     |
| binlog_format                | MIXED                                     |
| bulk_insert_buffer_size      | 8388608                                   |
| character_set_client         | utf8                                      |
| character_set_connection     | utf8                                      |
| character_set_database       | latin1                                    |
| character_set_filesystem     | binary                                    |
| character_set_results        | utf8                                      |
| character_set_server         | latin1                                    |
```

图8-3　返回所有系统变量

查看所有以"v"开头的系统变量，可以使用如下语句：

```
mysql>show variables like 'v%';
```

返回结果如图8-4所示。

```
mysql> show variables like 'v%';
+-------------------------+------------------------------+
| Variable_name           | Value                        |
+-------------------------+------------------------------+
| version                 | 5.7.17-log                   |
| version_comment         | MySQL Community Server (GPL) |
| version_compile_machine | x86_64                       |
| version_compile_os      | Win64                        |
+-------------------------+------------------------------+
4 rows in set
```

图8-4　返回所有以"v"开头的系统变量

（3）用户变量

用户变量是指由用户自己定义的变量，常作为控制循环执行次数的计数器，也可以用于保存某个特定类型数据值对象。用户变量以一个@符号开头。

在同一个语句中定义两个变量，如下所示：

```
SET @SUM=1,@i=1
```

可以通过SELECT语句获取前面定义的变量：

```
SELECT @SUM,@i
```

返回结果如图8-5所示。

在一个用户变量被定义以后，就可以以另外一种形式应用于其他SQL语句。

除了直接给变量赋值外，还可以通过查询语句为变量赋值。

```
SELECT address INTO @ADD
FROM enterprise
WHERE enterpriseName='苏州公交公司';
SELECT @ADD;
```

返回结果如图8-6所示。

图8-5　声明变量1

图8-6　声明变量2

（4）注释

注释是程序中不可或缺的内容，合理的注释可以加强程序的可读性，方便团队成员合作开发。在MySQL中，注释主要有3种形式，分别是行注释"--"、#注释"#"、块注释"/* */"。

```
-- 查询企业信息
/*
查询
企业信息
*/
SELECT * FROM enterprise
```

在查询企业信息的SQL语句前面加了两个注释，分别是行注释和块注释。

（5）运算符

运算符是一种运算类型符号，指定表达式中要执行的操作。

① 算术运算符。算术运算符用于对两个数值型的量执行算术运算，包括：+（加）、-（减）、*（乘）、/（除）、%（取模）。

② 字符串连接运算符。字符串连接运算符（+）表示将两个字符串连接起来形成一个新的字符串。

③ 比较运算符。比较运算符用于测试两个表达式的值之间的关系，这种关系包括=（等于）、<>（不等于）、!=（不等于）、>（大于）、<（小于）、>=（大于等于）、<=（小于等于）。

④ 逻辑运算符。逻辑运算符用于对某些条件进行测试，返回值为 TRUE 或 FALSE。逻辑运算符包括 AND（与）、OR（或）、NOT（非）、IN（集合运算）、LIKE（模式匹配）、EXISTS（存在）等。

2. 流程控制

在程序设计中，流程控制是用来控制程序执行和流程分支的命令，这些命令包括条件控制语句、无条件转移语句和循环语句。使用这些命令，可以使程序具有结构性和逻辑性。

（1）BEGIN ... END 语句块

BEGIN ... END 语句将多个 SQL 语句组合成一个执行单元。在多分支结构或者循环等流程控制语句中，经常要同时执行多个 SQL 语句，可以将多个 SQL 语句组合成一个语句块放到 BEGIN ... END 语句，将这些 SQL 语句作为一个整体来处理。

语法格式如下：

```
BEGIN
Statementlist1
Statementlist2
...
END
```

主要用于下列情况：

① WHILE 循环需要包含的语句块。

② CASE 语句的元素需要包含的语句块。

③ IF 或 ELSE 子句需要包含的语句块。

注意：BEGIN... END 语句可以嵌套。

（2）IF 函数

IF 函数可以实现简单双分支结构。

语法格式如下：

```
IF (condition, value1, value2)
```

（3）IF 语句

IF 条件语句可以实现复杂多分支结构，根据表达式的值，确定执行相应的语句。

语法格式如下：

```
IF  condition  THEN  Statementlist
ELSEIF  condition  THEN  Statementlist
ELSE   Statementlist
END IF
```

（4）CASE 语句

可以使用 CASE 语句可以实现多分支结构。CASE 语句分为简单 CASE 语句以及搜索 CASE 语句。

① 简单 CASE 语句：将一个表达式与一组表达式值进行比较，如果某个测试值与测试表达式的值相等，则返回相应结果的值。

语法格式如下：

```
CASE <case_expr>
     WHEN<value1>THEN<statement1>
     [WHEN<value2>THEN< statement 2>
     [...]]
     [ELSE statement N]
END
```

注意：表达式必须与测试值数据类型相同，CASE 表达式以 CASE 开头，必须以 END 结尾。

② 搜索 CASE 表达式：CASE 后不跟任何关键字，WHEN 子句后是布尔表达式。

语法格式如下：

```
CASE
     WHEN< case_expr 1>THEN< statement 1>
     [WHEN< case_expr 2>THEN< statement 2>
     [...]]
     [ELSE statement N]
END
```

（5）循环语句

当程序中需要多次处理某项工作时，就可以使用 WHILE、LOOP 或 REPEAT 语句重复执行一个语句或一个语句块。

① WHILE...END WHILE：先判断条件，为真时，重复执行 SQL 语句块，通过 LEAVE 以及 ITERATE 语句控制执行过程。

```
WHILE< 循环条件 >DO
    循环体
END WHILE
```

说明：

● LEAVE：跳出最内层的 WHILE 循环。

● ITERATE：跳出本次循环，重新开始下一次 WHILE 循环。

② REPEAT...END REPEAT：不管条件是否成立，先执行 SQL 语句，然后再进行条件判断。

```
REPEAT
    循环体
    UNTIL 结束循环条件
END REPEAT
```

③ LOOP...END LOOP：无条件死循环。

```
LOOP
    循环体
END LOOP
```

任务实施

【例8-1】查询当前车辆在线信息，使用 CASE 语句判断车辆在线状态，bOnline 值为 1 表示离线，bOnline 值为 0 表示在线。

```
SELECT szVIN,bOnline,
CASE
    WHEN bOnline='1'THEN' 离线 '
```

```
    WHEN bOnline='0'THEN' 在线 '
END AS' 状态 '
FROM loginoutinfo
WHERE logID IN
(
    SELECT MAX(logID)
    FROM loginoutinfo
    GROUP BY szVIN
)
```

返回结果如图8-7所示。

szVIN	bOnline	状态
LHB12345678910002	0	在线
LHB12345678910006	1	离线
LHB12345678910007	1	离线
LHB12345678910004	1	离线
LHB12345678910005	0	在线
LHB12345678910003	1	离线
LHB12345678910001	1	离线

图8-7　车辆状态信息

查询语句也可以改为如下：

```
SELECT szVIN,bOnline,
CASE bOnline
    WHEN'1'THEN' 离线 '
    WHEN'0'THEN' 在线 '
END AS' 状态 '
FROM loginoutinfo
WHERE logID IN
(
    SELECT MAX(logID)
    FROM loginoutinfo
    GROUP BY szVIN
)
```

【例8-2】查询当前车辆在线信息，使用IF函数判断车辆在线状态，bOnline值为1表示离线，bOnline值为0表示在线。

查询语句如下：

```
SELECT szVIN,bOnline,IF(bOnline='1',' 离线 ',' 在线 ') 状态
FROM loginoutinfo
WHERE logID IN
(
    SELECT MAX(logID)
    FROM loginoutinfo
    GROUP BY szVIN
)
```

任务 8.2 系统函数

任务描述

函数表示对输入参数值返回一个具有特定关系的值，函数在程序设计中起着非常重要的作用，是程序设计的重要组成部分。

技术要点

数据库用户在进行数据管理时，经常需要用到函数。函数可以由 MySQL 系统提供，也可以由用户根据业务需要自行创建。系统提供的函数称为内置函数，它为用户方便快捷地执行某些操作提供帮助；用户创建的函数称为用户自定义函数，它是用户根据自己的特殊需要而创建的，用来补充和扩展内置函数。

1. 数学函数

在一些比较复杂的数值运算中，经常会使用到数学函数，MySQL 支持很多数学函数，如表 8-1 所示。

表 8-1　数学函数

函　　数	作　　用
ABS(x)	返回 x 的绝对值
CEILING(x)	返回大于等于 x 的最小整数
FLOOR(x)	返回小于等于 x 的最大整数
POWER(x,y)	返回 x 的 y 次幂
MOD(x,y)	返回 x/y 的模（余数）
SQRT(x)	返回 x 的平方根
RAND()	产生 0 ~ 1 之间随机浮点数
RAND(x)	产生 0 ~ 1 之间随机浮点数，x 值相同时返回的随机数也相同

2. 日期和时间函数

日期和时间函数在 MySQL 中用得非常频繁，常见的日期和时间函数如表 8-2 所示。

表 8-2　日期和时间函数

函　　数	作　　用
CURDATE()	返回当前的日期
CURTIME()	返回当前的时间
NOW()	返回当前的日期和时间
YEAR(date)	返回表示指定日期 date 中的年份值
MONTH(date)	返回指定日期 date 中的月份值
DAYOFYEAR(date)	返回指定日期 date 是一年中的第几天
DAYOFMONTH(date)	返回指定日期 date 是一月中的第几天

续表

函　　数	作　　用
HOUR(t)	返回 t 的小时值，范围是 0 ~ 23
MINUTE(t)	返回 t 的分钟值，范围是 0 ~ 59
SECOND(t)	返回 t 的秒值，范围是 0 ~ 59

3. 字符串函数

字符串函数可以对字符或字符串进行计算长度、连接、大小写转换等操作，是用得最多的一种函数。常用的字符串函数如表 8–3 所示。

表 8–3　字符串函数

函　　数	作　　用
UPPER(s)	将 s 转换为大写
LOWER(s)	将 s 转换为小写
LENGTH(s)	返回 s 的长度
SUBSTRING(s,pos,len)	从 s 的 pos 位置开始取 len 个字符
LEFT(s，len)	返回字符串 s 从左开始 len 个数的字符串
RIGHT(s，len)	返回字符串 s 从右开始 len 个数的字符串
LTRIM(s)	删除字符串 s 前面的所有空格
RTRIM(s)	删除字符串 s 后面的所有空格
LOCATE(str,s) 函数	返回 str 在 s 中第一次出现的位置
REVERSE(s)	返回字符串 str 的反序字符串
CONCAT(str1,str2,str3,...)	合并 str1、str2 等多个字符串

4. 系统信息函数

MySQL 中还有一些比较特殊的函数，可以用来查询数据库版本、当前用户、当前数据库等。常见的返回系统信息的函数如表 8–4 所示。

表 8–4　系统信息函数

函　　数	作　　用
VERSION()	返回数据库的版本号
DATABASE()/SCHEMA()	返回当前数据库名称
USER()	返回当前登录用户名
CONNECTION_ID()	返回服务器的连接数

5. 聚合函数

聚合函数基于一组值返回一个值。聚合函数通常在 SELECT 语句的 GROUP BY 子句中。常见的聚合函数如表 8–5 所示。

表 8-5　聚合函数

函　　数	作　　用
SUM	为一组值求和
AVG	为一组值求平均值
MAX	求最大值
MIN	求最小值
COUNT	求一组中一共有多少个

6. 条件判断函数

条件判断函数也称控制流函数。常用的条件判断函数如表 8-6 所示。

表 8-6　条件判断函数

函 数 名	说　　明
IF(expr,v1,v2)	根据表达式 expr 的运算结果返回对应的值，如果 expr 结果是 True，则返回 v1，否则返回 v2
IFNULL(v1,v2)	如果 v1 值不为 NULL，则返回 v1，否则返回 v2

执行如下语句：

```
mysql>SELECT IF(1<2,'True','False') AS C1,
    ->IF(3<2,'True','False') AS C2,
    ->IF(STRCMP('STRING','STR'),'YES','NO') AS C3;
```

返回结果如图 8-8 所示。

```
mysql> SELECT IF(1<2,'True','False') AS C1,
    -> IF(3<2,'True','False') AS C2,
    -> IF(STRCMP('STRING','STR'),'YES','NO') AS C3;
+------+-------+-----+
| C1   | C2    | C3  |
+------+-------+-----+
| True | False | YES |
+------+-------+-----+
1 row in set (0.03 sec)
```

图 8-8　IF 函数

执行如下语句：

```
mysql>SELECT IFNULL(2,3) AS C1,
    ->IFNULL(NULL,'ABC') AS C2,
    ->IFNULL(SQRT(-9),'FALSE') AS C3;
```

返回结果如图 8-9 所示。

```
mysql> SELECT IFNULL(2,3) AS C1,
    -> IFNULL(NULL,'ABC') AS C2,
    -> IFNULL(SQRT(-9),'FALSE') AS C3;
+----+-----+-------+
| C1 | C2  | C3    |
+----+-----+-------+
|  2 | ABC | FALSE |
+----+-----+-------+
1 row in set (0.06 sec)
```

图 8-9　IFNULL 函数

7. 其他函数

MySQL 还提供了格式化函数、加密函数等其他函数，如表 8-7 所示。

表 8-7　其他函数

函　　数	作　　用
MD5(s)	对字符串 s 进行加密处理
PASSWORD(s)	对字符串 s 加密，加密后不可逆
CAST(x AS type)	将 x 转换为 type 类型
FORMAT(m,n)	将参数 m 格式化为保留 n 个小数位数的数值
DATE_FORMAT(d,fmt)	格式化日期
TIME_FORMAT(t,fmt)	格式化时间
INET_ATON(IP)	将 IP 地址转换为数字形式
INET_NTOA(n)	将数字 n 转换为 IP 地址形式
CONVERT(s USING cs)	将字符串 s 的字符集变成 cs

任务实施

【例 8-3】运行如下语句：

```
SELECT FLOOR(123.45),CEILING(123.45),FLOOR(-123.45),CEILING(-123.45);
```

返回结果如图 8-10 所示。

```
mysql> SELECT FLOOR (123.45), CEILING (123.45), FLOOR (-123.45), CEILING (-123.45);
+----------------+------------------+-----------------+-------------------+
| FLOOR (123.45) | CEILING (123.45) | FLOOR (-123.45) | CEILING (-123.45) |
+----------------+------------------+-----------------+-------------------+
|            123 |              124 |            -124 |              -123 |
+----------------+------------------+-----------------+-------------------+
1 row in set (0.03 sec)
```

图 8-10　FLOOR 与 CEILING 函数

【例 8-4】运行如下语句：

```
SELECT POWER(2,-3),POWER(2.0,-3),POWER(2.000,-3),POWER(2.0000,-3);
```

返回结果如图 8-11 所示。

```
mysql> SELECT POWER (2,-3), POWER (2.0,-3), POWER (2.000,-3), POWER (2.0000,-3);
+-------------+---------------+-----------------+------------------+
| POWER (2,-3)| POWER (2.0,-3)| POWER (2.000,-3)| POWER (2.0000,-3)|
+-------------+---------------+-----------------+------------------+
|       0.125 |         0.125 |           0.125 |            0.125 |
+-------------+---------------+-----------------+------------------+
1 row in set (0.04 sec)
```

图 8-11　POWER 函数

【例 8-5】运行如下语句：

```
SELECT LEFT('database',4),RIGHT('database',4),CONCAT('ABC','DEF'),
```

REVERSE('ABCD');

返回结果如图8-12所示。

```
mysql> SELECT LEFT('database',4),RIGHT('database',4),CONCAT('ABC','DEF'),REVERSE('ABCD');
+--------------------+---------------------+---------------------+------------------+
| LEFT('database',4) | RIGHT('database',4) | CONCAT('ABC','DEF') | REVERSE('ABCD')  |
+--------------------+---------------------+---------------------+------------------+
| data               | base                | ABCDEF              | DCBA             |
+--------------------+---------------------+---------------------+------------------+
1 row in set (0.03 sec)
```

图8-12　字符串函数

【例8-6】运行如下语句：

SELECT CURDATE(),MONTH(CURDATE()),DAYOFYEAR(CURDATE()),
DAYOFMONTH(CURDATE());

返回结果如图8-13所示。

```
mysql> SELECT CURDATE(),MONTH(CURDATE()),DAYOFYEAR(CURDATE()),DAYOFMONTH(CURDATE());
+------------+-----------------+---------------------+----------------------+
| CURDATE()  | MONTH(CURDATE())| DAYOFYEAR(CURDATE())| DAYOFMONTH(CURDATE())|
+------------+-----------------+---------------------+----------------------+
| 2019-06-01 |               6 |                 152 |                    1 |
+------------+-----------------+---------------------+----------------------+
1 row in set (0.04 sec)
```

图8-13　日期函数

【例8-7】运行如下语句：

SELECT FORMAT(67.8926,3),MD5('ABCD');

返回结果如图8-14所示。

```
mysql> SELECT FORMAT(67.8926,3),MD5('ABCD');
+-------------------+----------------------------------+
| FORMAT(67.8926,3) | MD5('ABCD')                      |
+-------------------+----------------------------------+
| 67.893            | cb08ca4a7bb5f9683c19133a84872ca7 |
+-------------------+----------------------------------+
1 row in set

mysql>
```

图8-14　格式化和加密函数

【例8-8】运行如下语句：

SELECT VERSION(),USER();

返回结果如图8-15所示。

```
mysql> SELECT VERSION(),USER();
+-------------------+----------------+
| VERSION()         | USER()         |
+-------------------+----------------+
| 5.1.22-rc-community | root@localhost |
+-------------------+----------------+
1 row in set
```

图8-15　获取当前数据库版本和用户

【例8-9】运行如下语句：

```
SELECT MD5('abcd'),PASSWORD('abcd');
```

返回结果如图8-16所示。

```
mysql> SELECT MD5('abcd'),PASSWORD('abcd');
+----------------------------------+-------------------------------------------+
| MD5('abcd')                      | PASSWORD('abcd')                          |
+----------------------------------+-------------------------------------------+
| e2fc714c4727ee9395f324cd2e7f331f | *A154C52565E9E7F94BFC08A1FE702624ED8EFFDA |
+----------------------------------+-------------------------------------------+
1 row in set
```

图8-16 加密字符串

【例8-10】获取当前的日期。

```
mysql>SELECT CURRENT_TIMESTAMP,NOW(),LOCALTIME(),SYSDATE();
```

返回的结果如图8-17所示。

```
mysql> SELECT CURRENT_TIMESTAMP,NOW(),LOCALTIME(),SYSDATE();
+---------------------+---------------------+---------------------+---------------------+
| CURRENT_TIMESTAMP   | NOW()               | LOCALTIME()         | SYSDATE()           |
+---------------------+---------------------+---------------------+---------------------+
| 2019-08-20 17:05:54 | 2019-08-20 17:05:54 | 2019-08-20 17:05:54 | 2019-08-20 17:05:54 |
+---------------------+---------------------+---------------------+---------------------+
1 row in set (0.05 sec)
```

图8-17 获取当前日期和时间

可以对获取的日期进行格式化输出：

```
mysql>SELECT DATE_FORMAT(NOW(),'%b %d %Y %h:%i %p');
```

返回结果如图8-18所示。

```
mysql> SELECT DATE_FORMAT(NOW(),'%b %d %Y %h:%i %p');
+----------------------------------------+
| DATE_FORMAT(NOW(),'%b %d %Y %h:%i %p') |
+----------------------------------------+
| Aug 20 2019 05:07 PM                   |
+----------------------------------------+
1 row in set (0.03 sec)
```

图8-18 日期格式化输出

```
DATE_FORMAT(date,format)
```

其中，date参数是合法的日期；format规定日期/时间的输出格式，可以使用的格式如表8-8所示。

表 8-8 时间格式函数参数表

格　式	说　明
%a	缩写星期名
%b	缩写月名
%c	月，数值

格　式	说　　明
%D	带有英文前缀的月中的天
%d	月的天，数值（00～31）
%e	月的天，数值（0～31）
%f	微秒
%H	小时（00～23）
%h	小时（01～12）
%I	小时（01～12）
%i	分钟，数值（00～59）
%j	年的天（001～366）
%k	小时（0～23）
%l	小时（1～12）
%M	月名
%m	月，数值（00～12）
%p	AM 或 PM
%r	时间，12-小时制（hh:mm:ss AM 或 PM）
%S	秒（00～59）
%s	秒（00～59）
%T	时间，24-小时制（hh:mm:ss）
%U	周（00～53）星期日是一周的第一天
%u	周（00～53）星期一是一周的第一天
%V	周（00～53）星期日是一周的第一天，与%X配合使用
%v	周（00～53）星期一是一周的第一天，与%x配合使用
%W	星期名
%w	周的天（0=星期日，6=星期六）
%X	年，其中的星期日是周的第一天，4位，与%V配合使用
%x	年，其中的星期一是周的第一天，4位，与%v配合使用
%Y	年，4位
%y	年，2位

执行如下语句：

```
mysql>SELECT DATE_FORMAT(NOW(),'%m-%d-%Y');
```

返回结果如图 8-19 所示。

```
mysql> SELECT DATE_FORMAT(NOW(),'%m-%d-%Y');
+------------------------------+
| DATE_FORMAT(NOW(),'%m-%d-%Y') |
+------------------------------+
| 08-20-2019                   |
+------------------------------+
1 row in set (0.05 sec)
```

图8-19 格式化时间

执行如下语句：

```
mysql>SELECT DATE_FORMAT(NOW(),'%d %b %Y %T:%f');
```

返回结果如图8-20所示。

```
mysql> SELECT DATE_FORMAT(NOW(),'%d %b %Y %T:%f');
+------------------------------------+
| DATE_FORMAT(NOW(),'%d %b %Y %T:%f') |
+------------------------------------+
| 20 Aug 2019 14:44:52:000000        |
+------------------------------------+
1 row in set (0.05 sec)
```

图8-20 格式化时间

【例8-11】使用RAND随机函数。

```
mysql>SELECT RAND(),RAND(),RAND();
```

返回结果如图8-21所示。

```
mysql> SELECT RAND(),RAND(),RAND();
+----------------+----------------+----------------+
| RAND()         | RAND()         | RAND()         |
+----------------+----------------+----------------+
| 0.68953634583348| 0.9819560451265| 0.84117121886571|
+----------------+----------------+----------------+
1 row in set (0.01 sec)
```

图8-21 RAND随机函数

【例8-12】使用RAND(x)随机函数。

```
mysql>SELECT RAND(5),RAND(5),RAND(7);
```

返回结果如图8-22所示。

```
mysql> SELECT RAND(5),RAND(5),RAND(7);
+----------------+----------------+----------------+
| RAND(5)        | RAND(5)        | RAND(7)        |
+----------------+----------------+----------------+
| 0.40613597483014| 0.40613597483014| 0.90650219368423|
+----------------+----------------+----------------+
1 row in set (0.04 sec)
```

图8-22 RAND(x)随机函数

注意：在执行带参数的随机函数时，如果参数x的值相同，产生的随机函数也相同。

任务 8.3　自定义函数

视频

任务 8.3　自定义
函数

任务描述

　　自定义函数将业务逻辑和子程序封装在一起，不能用于执行改变数据库状态的操作，但可以像使用系统函数一样在查询和可编程对象中使用它们。

技术要点

　　1.　自定义函数的创建

　　MySQL 中提供了丰富的内置函数，也支持用户根据业务逻辑需要而创建的自定义函数，自定义函数补充和扩展了内置函数。

　　自定义函数可以使用 CREATE FUNCTION 语句创建，语法格式如下：

```
CREATE FUNCTION function_name(parameter_name)
RETURNS return_data_type
BEGIN
Function_body
End
```

　　参数说明：

- function_name：函数名称，必须符合有关标识符的规则。
- parameter_name：参数名称，可以声明一个或多个参数。
- parameter_data_type：参数数据类型。
- return_data_type：函数返回值类型。
- Function_body：函数的主体。

　　2.　管理自定义函数

　　（1）调用自定义函数

　　自定义函数的调用方法与内置函数的调用方法一样，一般将被调用函数放在 SELECT 语句中。

　　（2）查看自定义函数

　　① 使用 SHOW FUNCTION STATUS 语句查看。

　　语法格式如下：

```
SHOW FUNCTION STATUS[LIKE'pattern']
```

　　执行如下语句：

```
mysql>SHOW FUNCTION STATUS;
```

　　返回结果如图 8-23 所示。

```
mysql> SHOW FUNCTION STATUS;
+----------+-------------------+----------+---------------+---------------------+---------------------+---------------+---------+---------------------+--
--------------------+--------------------+
| Db       | Name              | Type     | Definer       | Modified            | Created             | Security_type | Comment | character_set_client | c
ollation_connection | Database Collation |
+----------+-------------------+----------+---------------+---------------------+---------------------+---------------+---------+---------------------+--
--------------------+--------------------+
| nevmdb   | fun_getallcustcnt | FUNCTION | root@localhost | 2019-05-29 10:42:23 | 2019-05-29 10:42:23 | DEFINER       |         | utf8                | u
tf8_general_ci      | latin1_swedish_ci  |
+----------+-------------------+----------+---------------+---------------------+---------------------+---------------+---------+---------------------+--
--------------------+--------------------+
1 row in set (0.04 sec)
```

图 8-23　查看函数

② 使用 SHOW CREATE 语句查看。

可以通过 SHOW CREATE FUNCTION fun_name 查看函数的状态，其中 fun_name 是被查看函数的名字。

（3）删除自定义函数

语法格式如下：

```
DROP FUNCTION[IF EXISTS] fun_name
```

任务实施

【例8-13】创建函数 fun_geteid，该函数根据企业名称获取企业 ID。

```
CREATE FUNCTION fun_geteid(ename varchar(100))
RETURNS BIGINT
BEGIN
    DECLARE ret BIGINT;
    SELECT enterprise.enterpriseid FROM enterprise WHERE enterprise.
enterpriseName=ename INTO ret;
    RETURN ret;
END
```

调用函数 fun_geteid：

```
SELECT fun_geteid('苏州公交公司') 企业 ID
```

执行函数后返回结果如图 8-24 所示。

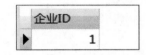

图 8-24　调用函数 fun_geteid

【例8-14】定义函数 fun_getallcustcnt，执行该函数可以获取所有企业数量。

```
CREATE FUNCTION fun_getallcustcnt() RETURNS int(11)
BEGIN
    RETURN
    (SELECT COUNT(*)
    FROM enterprise);
END
```

执行该函数，返回如图 8-25 所示结果。

图 8-25　调用函数 fun_getallcustcnt

【例8-15】查看自定义函数 fun_getallcustcnt 信息。

```
SHOW CREATE FUNCTION fun_getallcustcnt;
```

返回结果如图 8-26 所示。

```
mysql> SHOW CREATE FUNCTION fun_getallcustcnt;
+-------------------+-------------------------------------------+-----------------------------------------------------+
| Function          | sql_mode                                  | Create Function
                                        | character_set_client | collation_connection | Database Collation |
+-------------------+-------------------------------------------+-----------------------------------------------------+
| fun_getallcustcnt | STRICT_TRANS_TABLES,NO_AUTO_CREATE_USER | CREATE DEFINER=`root`@`localhost` FUNCTION `fun_getallcustcnt`() RETURNS int(11)
BEGIN
        RETURN
        (SELECT   COUNT(*)
        FROM enterprise);
END | utf8              | utf8_general_ci      | latin1_swedish_ci    |
+-------------------+-------------------------------------------+-----------------------------------------------------+
1 row in set (0.02 sec)
```

图8-26　查看函数信息

【例8-16】删除自定义函数 fun_getallcustcnt 信息。

```
DROP FUNCTION IF EXISTS fun_getallcustcnt;
```

▌任务8.4　存储过程

视频

任务8.4　存储
过程

任务描述

存储过程（Stored Procedure）是一组为了完成特定功能的SQL语句集合，经过编译和优化后存储在数据库中，供用户在应用程序中调用，使用存储过程可以简化操作。

技术要点

1. 存储过程概述

（1）存储过程基本概念

存储过程把多个SQL语句组合到一个逻辑单元中，编译好后存储在服务器上，以完成特定功能。客户端应用程序可以通过指定存储过程的名字并给出参数（如果该存储过程带有参数）来执行存储过程。

（2）存储过程的优点

① 将较为复杂的运算提前封装好。

② 增强系统重用性和共享性。

③ 存储过程已经通过语法检查和性能优化，执行速度较快。

④ 能够减少网络流量。

⑤ 可被作为一种安全机制来使用，保证了数据的安全。

2. 创建和调用存储过程

（1）创建存储过程

MySQL中使用CREATE PROCEDURE语句创建存储过程，语法规则如下：

```
CREATE PROCEDURE procedure_name([proc_parameter])
[characteristic ...] routine_body
proc_parameter:
[IN|OUT|INOUT] param_name type
[begin_label:] BEGIN
[statement_list]
```

```
...
END[end_label]
```

参数说明：

① procedure_name：存储过程名称。

② IN：传入参数。

③ OUT：返回信息。

④ INOUT：可向存储过程传入信息，如果值发生改变，可以再从过程外调用。

注意：MySQL 中，默认的语句结束是分号（;）。数据库服务器处理语句的时候是以分号为标志的，但是在创建存储过程时，存储过程中可能要包含多条语句，每个语句都是以分号结束的，为了避免冲突问题，使用"DELIMITER//"语句改变存储过程的结束符，并以"END//"结束存储过程。存储过程定义完毕后再用"DELIMITER//"语句恢复默认结束符。

（2）调用存储过程

MySQL 中使用 CALL 命令调用存储过程，其语法格式如下：

```
CALL proc_name([parameter[,…]])
```

其中，proc_name 是存储过程名称，parameter 为可选项，是存储过程参数。

任务实施

【例 8-17】定义存储过程 proc_allent，执行该存储过程可以获取所有企业信息。

```
DELIMITER //
CREATE PROCEDURE proc_allent()
BEGIN
    SELECT*FROM enterprise;
END //
DELIMITER;
```

执行该存储过程：

```
CALL proc_allent();
```

返回结果如图 8-27 所示。

enterpriseid	enterpriseName	province	city	address	remarks	deleteFlag
1	苏州公交公司	江苏省	苏州市	人民路12号	(Null)	0
2	苏州旅游公司	江苏省	苏州市	解放路28号	(Null)	0
3	武汉公交公司	湖北省	武汉市	三江路229号	(Null)	0
4	合肥公交公司	安徽省	合肥市	皖南路103号	(Null)	0
5	济南公交公司	山东省	济南市	泉城路208号	(Null)	0
6	长春公交公司	吉林省	长春市	车城路29号	(Null)	0
7	福州公交公司	福建省	福州市	长寿路39号	(Null)	0
8	广州公交公司	广东省	广州市	花城路126号	(Null)	0
9	石家庄公交公司	河北省	石家庄市	华北路36号	(Null)	0
10	郑州公交公司	河南省	郑州市	中原路22号	(Null)	0
11	苏州汽车服务公司	江苏省	苏州市	苏州工业园区星港街20号	(Null)	0

图 8-27　获取所有企业信息

【例8-18】定义存储过程proc_allentByProv，执行该存储过程可以根据输入的省份获取该省所有企业信息。

```
DELIMITER //
CREATE PROCEDURE proc_allentByProv(IN prov VARCHAR(30))
BEGIN
    SELECT*FROM enterprise WHERE province=prov;
END //
DELIMITER;
```

调用存储过程：

```
CALL proc_allentByProv('江苏省');
```

返回结果如图8-28所示。

enterpriseid	enterpriseName	province	city	address	remarks	deleteFlag
1	苏州公交公司	江苏省	苏州市	人民路12号	(Null)	0
2	苏州旅游公司	江苏省	苏州市	解放路28号	(Null)	0
11	苏州汽车服务公司	江苏省	苏州市	苏州工业园区星港街20号	(Null)	0

图8-28　获取江苏省企业信息

【例8-19】定义存储过程proc_getcustcntByProv，执行该存储过程可以根据输入的省份获取该省所有企业数量。

```
DELIMITER //
CREATE  PROCEDURE proc_getentcntByProv(IN prov varchar(30),OUT cnt int)
BEGIN
    SELECT COUNT(*) INTO cnt
  FROM enterprise
  WHERE province=prov;
END //
DELIMITER;
```

调用该存储过程：

```
CALL proc_getentcntByProv('安徽省',@cnt);
SELECT @cnt 企业数量;
```

返回结果如图8-29所示。

图8-29　获取安徽省企业数量

任务8.5　事　　件

任务描述

在一些应用系统中，经常会在某个特定时间点周期性地统计相关数据，这种任务可以不在系统的应用层完成，而是利用 MySQL 的事件在数据库中自动完成。

技术要点

1. 事件

MySQL 中的事件（Event）是用于执行定时或周期性的任务，类似于 Linux 中的 crontab，但是后者只能精确到分钟，事件则可以精确到秒。既然 MySQL 自身能实现定时性任务，那么就不必在应用层实现了。

MySQL 中调度器 event_scheduler 负责调用事件，也就是由全局变量 event_scheduler 的状态决定，它默认是 OFF，一般是 OFF。

可以使用 show variables like'%event_scheduler%';命令查看 event_scheduler 状态，如图 8-30 所示。

```
mysql> show variables like '%event_scheduler%';
+-----------------+-------+
| Variable_name   | Value |
+-----------------+-------+
| event_scheduler | OFF   |
+-----------------+-------+
1 row in set (0.03 sec)

mysql>
```

图 8-30　event_scheduler 状态

2. 创建事件

```
CREATE
   [DEFINER={user|CURRENT_USER}]
    EVENT
   [IF NOT EXISTS]
    event_name
    ON SCHEDULE schedule
   [ON COMPLETION[NOT] PRESERVE]
   [ENABLE|DISABLE|DISABLE ON SLAVE]
   [COMMENT'comment']
    DO event_body;
schedule:
    AT timestamp[+ INTERVAL interval] ...
  |EVERY interval
   [STARTS timestamp[+ INTERVAL interval] ...]
   [ENDS timestamp[+ INTERVAL interval] ...]
interval:
    quantity{YEAR|QUARTER|MONTH | DAY | HOUR | MINUTE |
            WEEK | SECOND | YEAR_MONTH | DAY_HOUR | DAY_MINUTE |
            DAY_SECOND | HOUR_MINUTE | HOUR_SECOND | MINUTE_SECOND }
```

参数说明：

- event_name：创建的 event 名字（唯一确定的）。

- ON SCHEDULE：计划任务。

● schedule：决定 event 的执行时间和频率（注意时间是将来的时间，过去的时间会出错），有 AT 和 EVERY 两种形式。

● [ON COMPLETION [NOT] PRESERVE]：可选项，默认是 ON COMPLETION NOT PRESERVE，即计划任务执行完毕后自动 drop 该事件；ON COMPLETION PRESERVE 则不会 drop 掉。

● [COMMENT'comment ']：可选项，comment 用来描述 event，相当于注释，最大长度 64 个字节。

● [ENABLE | DISABLE]：设定 event 的状态，默认为 ENABLE，表示系统尝试执行这个事件；DISABLE 表示关闭该事情，可以用 alter 修改。

● DO event_body：需要执行的 SQL 语句（可以是复合语句）。

任务实施

【例 8-20】创建一个事件 evonline，每分钟实时统计一次所有在线车辆信息。

MySQL 事件默认是关闭的。检查事件是否处于开启状态，可以使用如下语句：

```
show variables like'%event_scheduler%';
```

在使用事件之前使用如下语句打开事件：

```
set global event_scheduler=on;
```

创建事件语句如下：

```
DROP event IF EXISTS evonline;
DELIMITER //
CREATE EVENT evonline
ON SCHEDULE EVERY 1 MINUTE
on COMPLETION  PRESERVE
DO
BEGIN
SELECT szVIN,bOnline,
CASE
    WHEN bOnline='1'THEN' 离线 '
    WHEN bOnline='0'THEN' 在线 '
END' 状态 '
FROM loginoutinfo
WHERE logID IN
(
    SELECT MAX(logID)
    FROM loginoutinfo
    GROUP BY szVIN
);
END //
```

【例 8-21】每天统计一次各公司的车辆总数，只统计总数超过 10 辆的。

```
DROP event IF EXISTS evonline;
DELIMITER //
CREATE EVENT evonline
ON SCHEDULE EVERY 1 day
on COMPLETION  PRESERVE
```

```
DO
BEGIN
SELECT enterpriseName 公司 ,COUNT(vehicleID) 车辆总数
FROM vehicle JOIN motorcade
ON vehicle.motorCadeID =motorcade.motorCadeID
JOIN enterprise
ON enterprise.enterpriseID =motorcade.enterpriseID
GROUP BY enterpriseName
HAVING count(vehicleID)>=10;
END//
```

■ 单元小结

存储过程和函数是多条SQL语句的集合，用于封装各种功能，方便用户实施各种规则，既可以提高程序的运行效率，降低网络通信量，还能提高程序的安全性。

■ 课后习题

操作题

1. 通过CASE语句判断车架号"LHB12345678910001"的最新故障信息。

2. 获取当前日期的年、月、日。

3. 分别获取一个字符串的左侧和右侧的3个字符。

4. 定义函数，返回当前在线的车辆数量。

5. 定义函数，根据输入的省份，查询该省所有车辆信息。

6. 创建存储过程，根据输入的企业名称，返回该企业当前在线车辆数量。

7. 创建存储过程，根据输入的企业名称，返回该企业所有车辆信息。

8. 创建一个事件，每天统计一次报警次数。

9. 创建一个事件，每月统计一次汽车总数量。

单元 9
MySQL 备份与恢复

保证数据库安全与完整的主要措施就是定期对数据库进行备份和恢复。当数据库出现某种问题时，就需要使用备份好的数据进行恢复，只有这样才能将损失降到最低。

📖 学习目标

【知识目标】
- 理解备份的类型。
- 理解恢复的原理。

【能力目标】
- 熟练备份数据库。
- 熟练恢复数据库。

视频

任务9.1　备份

▌ 任务9.1　备　　份

任务描述

备份数据库是数据库管理员经常做的操作。为了防止万一系统遭到破坏后能够恢复到原有状态，不影响数据库系统的正常使用，数据库管理员必须定期性备份数据库。

技术要点

1. 为什么要备份

在实际生产环境中，服务器的硬件坏了可以维修或者换新，软件问题可以修复或重新安装，但是如果数据没了，这可能是最糟糕的事情，可以说在生产环境中数据是特别重要的资源。如何保证数据不丢失？数据万一丢失后如何快速恢复？这些都是数据库管理者不得不面对的问题。

在生产环境中，数据库可能会遭遇各种各样的不测，从而导致数据丢失，大概分为以下几种：

① 硬件故障。如存储设备损坏，或者强磁场影响造成存储设备无法正常存储数据。

② 软件故障。用户不合理操作造成系统停止运行，或者硬件故障造成系统不能正常运行。

③ 自然灾害。如火灾、水灾、地震造成系统损坏。

④ 黑客攻击。系统遭遇黑客攻击，造成数据丢失，或者数据被篡改。

2. 备份的类型

① 热备份。当数据库进行备份时，数据库的读写操作均不受影响。

②温备份。当数据库进行备份时，数据库的读操作可以执行，但是不能执行写操作。

③冷备份。当数据库进行备份时，数据库不能进行读写操作，即数据库要下线。

3. 根据备份数据或文件

（1）物理备份

物理备份直接备份数据文件。

物理备份的优点：

① 备份和恢复操作都比较简单，能够跨 MySQL 的版本。

② 恢复速度快，属于文件系统级别的。

（2）逻辑备份

逻辑备份用于备份表中的数据和代码。

逻辑备份的优点：

① 恢复简单。

② 备份的结果为 ASCII 文件，可以编辑。

③ 与存储引擎无关。

④ 可以通过网络备份和恢复。

注意： 逻辑备份需要 MySQL 服务器进程参与，备份结果占据更多的空间，浮点数可能会丢失精度。

4. 备份的步骤

① 打开 Navicat 并连接服务器。

② 打开要备份的数据库。

③ 选择要备份数据库节点下的"备份"，然后在工具栏中单击"新建备份"按钮，弹出"新建备份"对话框，如图 9-1 所示。

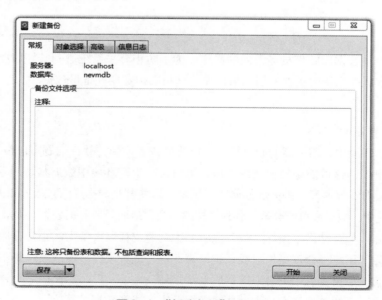

图 9-1 "新建备份"对话框

④ 单击"对象选择"选项卡，如图 9-2 所示，选择要进行备份的内容，可以选择全部，也可以选择部分，如表、视图或者函数等。

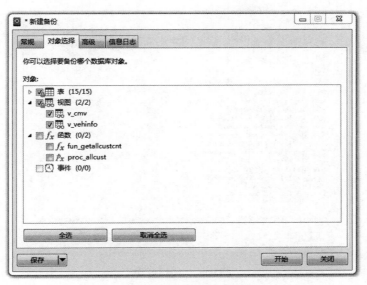

图9-2　选择备份对象

⑤ 在"高级"选项卡中可以给备份文件指定文件名，如图9-3所示，如果不指定，则以当前日期和时间作为备份文件名。

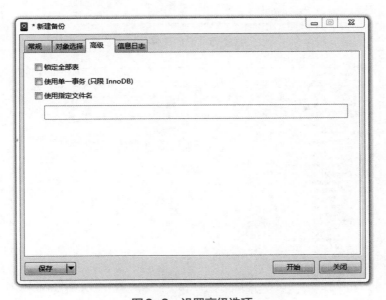

图9-3　设置高级选项

⑥ 全部设置完毕后，单击"开始"按钮，系统开始进行备份，直至备份成功，如图9-4所示。

⑦ 单击左下角的"保存"按钮，输入文件名，然后单击"确定"按钮，如图9-5所示。

⑧ 备份成功后，"备份"选项下面会出现备份文件，如图9-6所示。

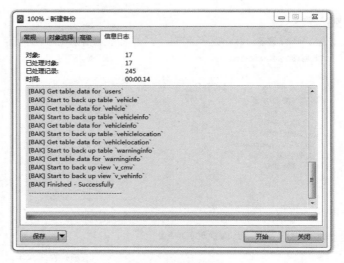

图9-4　备份成功

图9-5　设置文件名

图9-6　备份好的文件

任务9.2　恢　　复

任务描述

恢复数据库就是让数据库恢复到损坏前状态，当数据受到篡改、数据丢失或其他破坏时，可以通过恢复操作完成数据库的还原。

技术要点

恢复数据库的步骤：

① 打开 Navicat 并连接服务器。

② 打开要恢复的数据库，如果数据库不存在，则需要新建一个数据库，并使其处于打开状态。

③ 选择要备份数据库节点下的"备份"，然后在工具栏中单击"还原备份"按钮，弹出"还原备份"对话框，如图 9-7 所示。

图 9-7　"还原备份"对话框

④ 在"对象选择"选项卡中选择要恢复的数据库对象，这与备份过程相同，在"高级"选项卡中选择对服务器和数据库对象的选项设置，如图 9-8 所示。

⑤ 全部设置完毕后，单击"开始"按钮，开始数据恢复，直到恢复完成，如图 9-9 所示。

图 9-8　选项设置

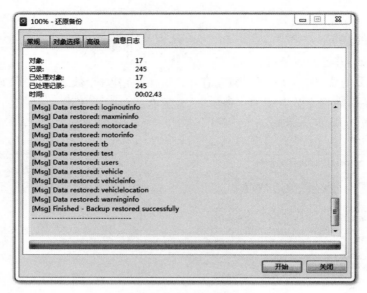

图9-9　恢复数据

⑥恢复成功后，单击"关闭"按钮，关闭对话框，完成数据的恢复。

▌ 单元小结

对 MySQL 数据库进行备份，可以提高系统的高可用性和灾难可恢复性。在数据库系统崩溃的时候，如果没有数据库备份就无法找到数据。使用数据库备份还原数据库是数据库系统崩溃时提供数据恢复最小代价的最优方案。没有数据就没有一切，数据库备份是防患于未然的强力手段，没有了数据，应用再花哨也无济于事。

▌ 课后习题

操作题

1.　对新能源汽车数据库进行备份，指定备份文件名。
2.　对新能源汽车数据库按照最新的备份文件进行恢复操作。

单元 10
MongoDB 入门

当前，超大数据量和高并发的数据库系统越来越多，传统的关系型数据库越来越显得力不从心，暴露了很多难以解决的困难。NoSQL数据库的产生就是为了解决大规模数据所带来的挑战。NoSQL泛指非关系型的数据库。NoSQL并不是要替代传统关系型数据库，它是对关系型数据库的一种有益补充，具有设计简单、扩展容易等优良特性。目前常见的NoSQL型数据库有HBase、Redis以及MongoDB等。MongoDB是当前使用比较广泛的非关系型数据库。

■ 学习目标

【知识目标】
- 理解NoSQL的含义。
- 了解常见的NoSQL数据库。
- 了解NoSQL的应用场景。

【能力目标】
- 能熟练安装MongoDB。
- 能熟练安装Robo 3T。

视频

任务 10.1　NoSQL
概述

▌任务 10.1　NoSQL 概述

任务描述

NoSQL在当前大数据环境下应用范围越来越广泛，从传统关系型数据库到NoSQL，它们之间有何区别？NoSQL是如何产生的？有何应用前景？

技术要点

1. NoSQL 的产生

NoSQL泛指非关系型的数据库。传统的关系数据库在应对超大规模和高并发的系统时已经显得力不从心，暴露了很多难以克服的问题，而非关系型的数据库则由于其本身的特点得到了非常迅速的发展。NoSQL数据库的产生就是为了解决大规模数据集合多重数据种类带来的挑战，尤其是大数据应用难题。

关系型数据库可以使用SQL语句方便地对多个数据表进行非常复杂的关联查询，同时事务处理功能也保证了一些对安全性能要求很高的数据访问。但随着信息化的浪潮和互联网的兴起，关系型数据库在一些业务需求上开始出现问题。首先，很多业务需求，尤其是电商类，对数据库存储的容量要求越来越高，单服务器根本无法满足需求，大多数时候需要用集群来解决问题，而传统关系型数据库需要支持 JOIN、UNION 等操作，一般不支持分布式集群部署；其次，在大数据时代，数据频繁地读和增加，修改却不频繁；再次，不确定性业务需求导致数据库的存储模式需要频繁改变，关系型数据库中不自由的存储模式增大了系统运维的复杂性，限制了扩展的灵活性。NoSQL 可以说是一项全新的数据库革命，模式自由、简单且易复制、最终的一致性等特性使其在大数据时代获得了非常广泛的运用。

2. NoSQL 的特点

NoSQL 并没有一个非常明确的定义，但普遍存在如下特点：

① 弱存储模式：不需要事先定义数据模式，预定义表结构。数据中的每条记录都可能有不同的属性和格式。当插入数据时，并不需要预先定义它们的模式，也无强制检查。

② 无共享架构：相对于将所有数据存储的存储区域网络中的全共享架构，NoSQL 往往将数据划分后存储在各个本地服务器上。因为从本地磁盘读取数据的性能往往好于通过网络传输读取数据的性能，从而提高了系统的性能。

③ 弹性可扩展：可以在系统运行的时候动态增加或者删除结点。不需要停机维护，数据可以自动迁移。

④ 分区：相对于将数据存放于同一个节点，NoSQL 数据库需要将数据进行分区，将记录分散在多个节点上面，并且通常分区的同时还要进行复制，这样既提高了并行性能，又能保证没有单点失效的问题。

⑤ 异步复制：和 RAID 存储系统不同的是，NoSQL 中的复制往往是基于日志的异步复制。这样，数据就可以尽快地写入一个节点，而不会被网络传输引起迟延。其缺点是并不总是能保证一致性，这样的方式在出现故障的时候，可能会丢失少量的数据。

⑥ BASE：相对于事务严格的 ACID 特性，NoSQL 数据库保证的是 BASE 特性。BASE 是最终一致性和软事务。

NoSQL 数据库并没有一个统一的架构，两种 NoSQL 数据库之间的差异可能远远超过两种关系型数据库之间的差异。NoSQL 各有所长，成功的 NoSQL 必然特别适用于某些场合或者某些应用，在这些场合中会远远胜过关系型数据库和其他 NoSQL。

3. NoSQL 的应用范围以及存在问题

（1）NoSQL 数据库的应用范围

① 数据模型比较简单。

② 需要灵活性更强的系统。

③ 对数据库性能要求较高。

④ 不需要高度的数据一致性。

⑤ 对于给定 key，比较容易映射复杂值的环境。

（2）NoSQL 存在的问题

尽管大多数 NoSQL 数据存储系统都已被部署于实际应用中，但仍然有许多挑战性问题有待解决：

① 缺乏通用性；

② 不支持事务特性，导致其应用具有一定的局限性。

③ 缺乏类似关系数据库所具有的强有力的理论、技术、标准规范的支持。

④ 多数 NoSQL 数据库没有提供内建的安全机制。

4．NoSQL 分类

（1）列族数据库

列族数据库在键空间中以列的方式存储数据，其中键空间基于独一无二的名称、值和时间戳，适合于存储根据时间戳来区分有效内容和无效内容的数据。

列族数据库具有如下特点：

① 擅长处理大数据，特别是 PB、EB 级别的大数据。

② 需要预先定义命名空间、行键、列族，无须定义列。

③ 数据存储模式相对键值数据、文档数据库要复杂。

（2）键/值数据库

键/值数据库是最简单的 NoSQL 数据库。键/值数据库没有任何模式（Schema），不需要遵循任何预定义的结构，键可以是任何数据类型。键/值数据库非常容易实现数据添加，但对查询的支持不好。

键/值数据库具有如下特点：

① 结构简单，"键"和"值"成对出现，"值"理论上可以取任何数据。

② 读写速度快，键值数据库设计时就避开了机械硬盘读写慢的问题，是以内存存储为主的数据库。

③ 计算效率高，键值数据库结构简单，数据集之间关系比较简单，基于内存计算，因此运行效率非常高。

④ 支持分布式，分布式处理使键值数据库能够处理 PB 级数据。

⑤ 多值查找功能弱。

⑥ 约束少，容易出错。

（3）文档数据库

文档数据库采用面向文档的方式存储数据，可以将实体的所有数据存储在一个文档中，文档存储在集合中，文档还可以嵌套，集合中的文档通过唯一的键进行访问。

文档存储的优点：

① 没有存储结构定义要求，不考虑数据写入检查，不考虑集合之间的关联关系，响应速度快。

② 擅长基于 JSON、XML、BSON 格式的数据处理。

③ 查询功能强大。

④ 具有很强的可伸缩性，具有分布式多服务器处理能力。

文档存储的缺点：

① 缺少约束，需要用户自己解决输入数据的验证工作，解决不同数据集之间的关联关系。

② 数据冗余较大。

（4）图形数据库

图形结构的数据库同其他行列以及刚性结构的 SQL 数据库不同，它使用灵活的图形模型，并且能够扩展到多个服务器上。

图形数据库具有如下特点：

① 擅长处理具有图形结构的数据，如互联网社交、基于地图的交通运输、物理管理、游戏开发、规则推理等。

② 在查找、统计、分析方面应用较好。

③ 以单台服务器运行为主，少数图形数据库具有分布式处理能力。

5. 数据库类型的选择

非关系型数据库需要根据系统的业务以及性能的要求去选择，因为所有性能良好的系统，实际上都是在运行速度、可靠性、准确性等方面取一个平衡。不同数据库的优缺点比较如表 10-1 所示。

表 10-1   不同数据库的优缺点比较

分 类	典型应用场景	数据模型	优 点	缺 点
列族数据库	分布式的文件系统	以列族式存储，将同一列数据存在一起	查找速度快，可扩展性强，更容易进行分布式扩展	功能相对局限
键/值数据库	内容缓存，主要用于处理大量数据的高访问负载，也用于一些日志系统等	Key 指向 Value 的键值对，通常用 hash table 来实现	查找速度快	数据无结构化，通常只被当作字符串或者二进制数据
文档数据库	Web 应用（与键/值类似，值是结构化的，不同的是数据库能够了解值的内容）	键/值对应的键值对，值为结构化数据	数据结构要求不严格，表结构可变，不需要像关系型数据库一样预先定义表结构	查询性能不高，而且缺乏统一的查询语法
图形数据库	社交网络，推荐系统等。专注于构建关系图谱	图结构	利用图结构相关算法。比如最短路径寻址、N 度关系查找等	很多时候需要对整个图做计算才能得出需要的信息，而且这种结构不太好做分布式的集群方案

6. MongoDB

MongoDB 是面向文档的数据库，将传统关系型数据库中的行列转换成文档模型，文档可以嵌套，因此一条记录就可以表示出关系数据库中复杂的关联关系。MongoDB 没有固定的模式，不必实现定义文档的键，系统升级时也不需要大量迁移数据，用户可以非常方便地变更数据模型。MongoDB 非常受欢迎，主要因为：

① 高可用性：MongoDB 的复制模型使其很容易保持高可用性，同时能够提供高性能和高可扩展性。

② 高可扩展性：MongoDB 的结构使得能够将数据分布到多台服务器，从而轻松地实现横向扩展。

③ 防止 SQL 注入攻击：MongoDB 将数据存储为对象，不使用 SQL 字符串，因此，可以避免 SQL 注入式攻击，系统安全性能更高。

传统数据库与 MongoDB 数据库的区别如表 10-2 所示。

表 10-2　传统数据库与 MongoDB 数据库的区别

传统数据库	MongoDB	区　别
数据库	数据库	都有数据库概念，不同数据库对应不同项目
数据表	集合	一个数据表对应一个集合，但 MongoDB 无须事先定义表结构，传统数据库在使用前需要先定义表结构
行/记录	文档	一行对应一个文档，但每个文档都会有一个特殊的_id，文档尽量避免不同集合之间的关联，而传统数据库强调不同数据表中记录的关联关系
字段	键值对	一个字段对应一个键值对，但文档中的键值对更复杂

7. Robo 3T 工具

MongoDB 自带客户端工具，该工具的操作不是很友好，为了提高操作效率，推荐使用 Robo 3T 工具。

Robo 3T 是一个跨平台的 MongoDB 管理工具，操作界面如图 10-1 所示。左侧是数据库列表，可以选择相关数据库以及数据库中的集合；右上是命令行区，可以编写代码；右下是数据展示区，可以用来显示数据。

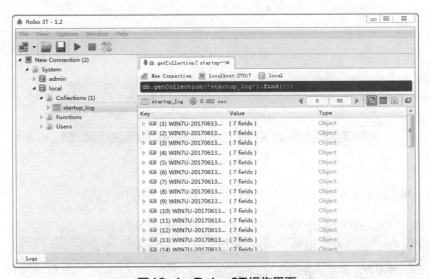

图10-1　Robo 3T 操作界面

8. 关系型数据库与非关系型数据库的区别

关系型数据库与非关系数据库存储的模式不一样，关系型数据库是强数据存储模式，以 ACID 为基本原则，而非关系型数据库是弱存储模式，遵循 BASE 原则；关系型数据库基于单机的数据处理技术，而非关系型数据库基于分布式处理技术。

非关系型数据库具有如下特点：

①采用分布式架构，在系统安全上更有保障。

②允许出现某些故障，允许数据出现暂时的不一致，只要最终能够保障数据是一致的即可。

③充分利用廉价服务器的横向扩展性以及大数据的存储与分析，能够为用户提供更快速的数据分析。

任务 10.2　MongoDB 安装与配置

任务描述

要想掌握 MongoDB，必须先安装 MongoDB，配置开发环境。

技术要点

安装 MongoDB 之前需要到 MongoDB 官网（http://www.mongodb.com/download-center）上下载相应版本的 MongoDB 安装文件，不同版本的 MongoDB 对操作系统、硬件的要求也是不一样的。

1．Windows 环境下 MongoDB 安装与配置

① 创建文件夹 d:\mongodb\data\db 和 d:\mongodb\data\log，分别用来安装 db 和日志文件，如图 10-2 所示，在 log 文件夹下创建一个日志文件 MongoDB.log，即 d:\mongodb\data\log\MongoDB.log，如图 10-3 所示。

图10-2　安装路径

图10-3　log文件

② 在 D:\MongoDB\bin 文件处打开 CMD 命令行窗口，如图 10-4 所示。

```
管理员: C:\Windows\system32\cmd.exe

D:\MongoDB\bin>
```

图10-4　CMD命令行窗口

③ 输入 mongod -dbpath "d:\mongodb\data\db"，如图 10-5 所示。

看到图 10-5 所示信息则说明启动成功，默认 MongoDB 监听的端口是 27017，MySQL 的是 3306。

④ 测试连接。

另开一个 CMD 窗口，进入 MongoDB 的 bin 目录，输入 mongo 或者 mongo.exe，如图 10-6 所示，出现图 10-7 所示界面，connecting to：mongodb://127.0.0.1:27017 表示测试通过，此时已经进入了 test 这个数据库。

输入 exit 或者按 Ctrl+C 组合键可退出 MongoDB 开发环境。

图 10-5　安装信息

图 10-6　输入 mongol.exe

⑤ 当 mongod.exe 被关闭时，mongo.exe 就无法连接到数据库了，因此每次想使用 MongoDB 数据库都要开启 mongod.exe 程序，所以比较麻烦，此时可以将 MongoDB 安装为 Windows 服务。

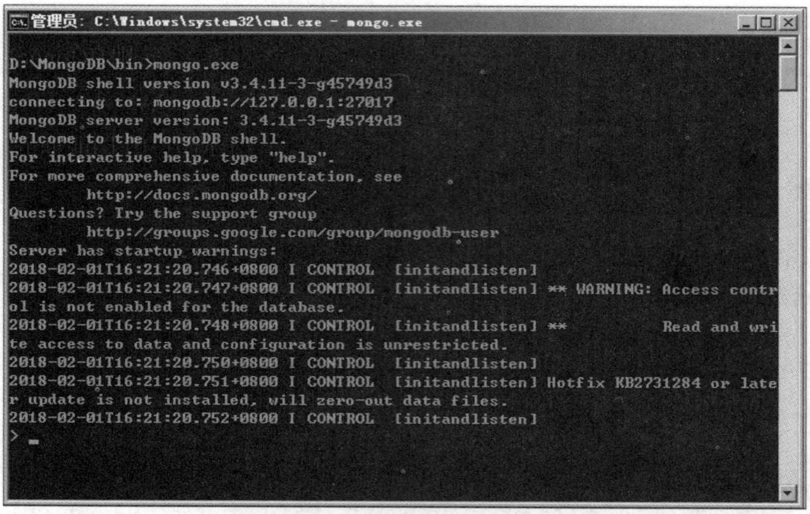

图10-7　连接成功

以管理员身份运行CMD，进入bin文件夹，执行下列命令：

```
D:\MongoDB\bin>mongod --dbpath " C:\Program Files\MongoDB\Server\3.4\
data\db " --logpath " C:\Program Files\MongoDB\Server\3.4\data\log\MongoDB.
log" --install --serviceName "MongoDB"
D:\MongoDB\bin>mongod --dbpath "d:\mongodb\data\db" --logpath "d:\
mongodb\data\log\MongoDB.log" --install --serviceName "MongoDB"
```

这里MongoDB.log就是开始建立的日志文件，--serviceName"MongoDB"服务名为MongoDB，如图10-8所示。

图10-8　服务器名称

出现以下安装成功界面，如图10-9所示。

图10-9　安装成功

⑥启动MongoDB服务。

```
>D:\MongoDB\bin>y
```

启动服务界面如图10-10所示。

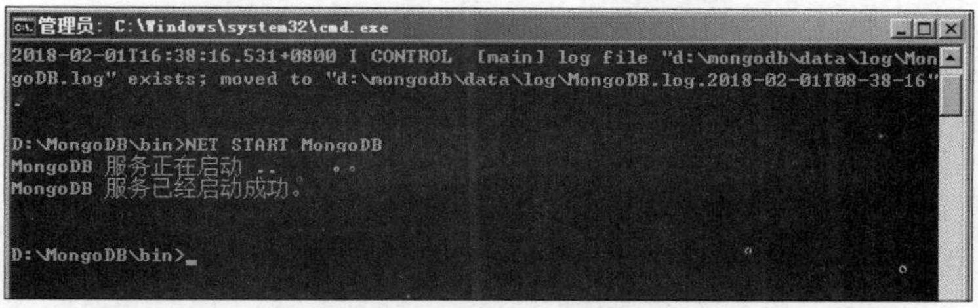

图10-10　启动服务

⑦关闭服务和删除进程。关闭服务：

```
>d:\mongodb\bin>NET stop MongoDB
```

关闭服务界面如图10-11所示。

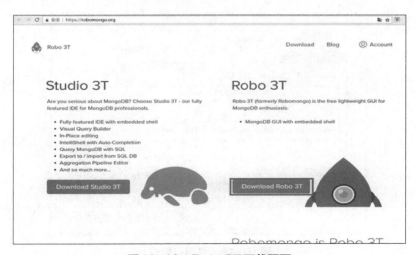

图10-11　关闭服务

删除进程：

```
>d:\mongodb\bin>mongod --dbpath "d:\mongodb\data\db" --logpath "d:\
mongodb\data\log\MongoDB.log" --remove --serviceName "MongoDB"(删除，注
意不是 --install 了)
```

2. Robo 3T工具的安装与配置

Robo 3T是一个非常友好的跨平台MongoDB管理工具，可以通过图形界面管理MongoDB，
官网下载地址是https://robomongo.org，如图10-12所示。

图10-12　Robo3T下载页面

①单击 Download Robo 3T 按钮，然后选择需要的版本，如图10-13所示。

图10-13　选择版本

②双击安装文件，弹出安装向导对话框如图10-14所示。

图10-14　安装向导

③单击"下一步"按钮，出现许可证协议界面，如图10-15所示。

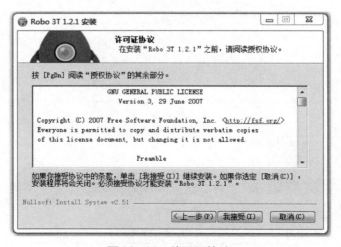

图10-15　许可证协议

④单击"我接受"按钮，接受许可证协议，选择安装位置，可以选择默认位置，如图10-16所示。

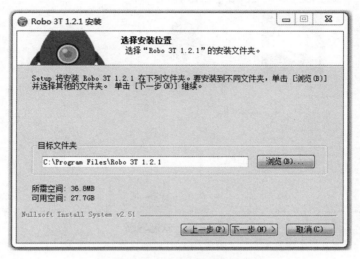

图10-16 选择安装位置

⑤单击"下一步"按钮，开始程序安装，如图10-17所示。

图10-17 开始程序安装

⑥安装成功后，运行Robo 3T，出现图10-18所示欢迎界面，选择File→Connect命令，如图10-19和图10-20所示，弹出MongoDB Connections对话框，可以连接远程或者本地数据库，如图10-21所示。

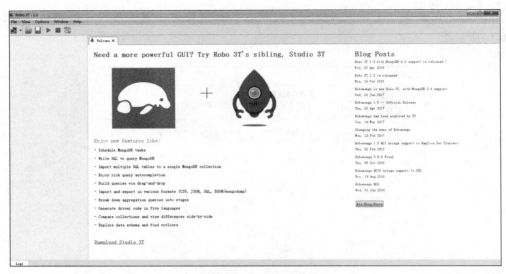

图10-18　欢迎界面

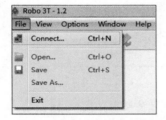

图10-19　打开连接1

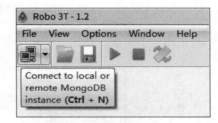

图10-20　打开连接2

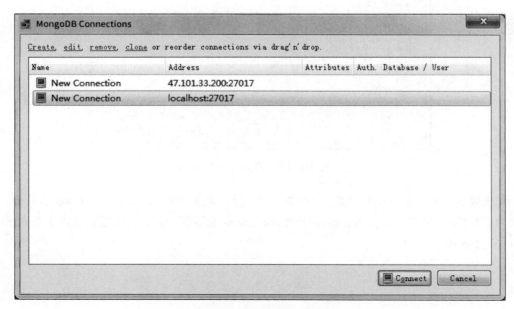

图10-21　连接数据库

⑦ 数据库连接后，集成开发环境如图 10-22 所示。

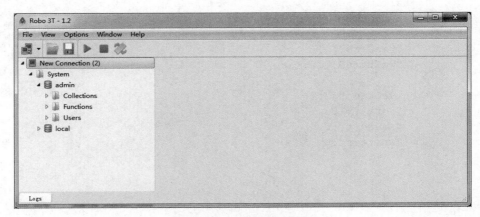

图10-22　集成开发环境

3. 监控 MongoDB

MongoDB 启动后会默认启动一个 HTTP 服务器，该服务器监听的端口号比主服务器的端口号大 1000，服务器提供了 HTTP 接口，通过 shell 可以查看 MongoDB 的一些基本信息。

可以通过 serverStatus 命令获取服务器统计信息，命令如下：

```
db.runCommand({"serverStatus":1})
```

返回结果如下：

```
{
    "host":"iZuf6b7o9hu1q97s6isvkgZ",
    "version":"3.4.18",
    "process":"mongod",
    "pid":NumberLong(649),
    "uptime":18222870.0,
    "uptimeMillis":NumberLong(18222869637),
    "uptimeEstimate":NumberLong(18222869),
    "localTime":ISODate("2019-08-01T08:52:30.185Z"),
    "asserts":{
        "regular":0,
        "warning":0,
        "msg":0,
        "user":265,
        "rollovers":0
    },
    "connections":{
        "current":186,
        "available":51014,
        "totalCreated":9909
    },
    "extra_info":{
        "note":"fields vary by platform",
        "page_faults":25991
    },
```

```
        "globalLock":{
            "totalTime":NumberLong(18222869636000),
            "currentQueue":{
                "total":0,
                "readers":0,
                "writers":0
            },
            "activeClients":{
                "total":193,
                "readers":0,
                "writers":0
            }
        },
        ...
        "ok":1.0
}
```

serverStatus 呈现了 MongoDB 内部的详细信息，如服务器版本、运行时间、当前连接数等。这里所有的统计结果都是在服务器启动时就开始计算了，如果服务器复位，所有计数器都会复位。

■ 单元小结

NoSQL 数据库产品比较多，选择使用前需要了解不同数据库产品的特点。只有比较后才能发挥数据库产品的特长，有针对性地解决实际问题。

■ 课后习题

一、简答题

1. 比较关系型数据库与非关系数据库的区别。
2. 简要阐述 NoSQL 的特点。
3. 简要阐述 NoSQL 的应用范围。

二、操作题

安装 MongoDB 以及集成开发环境 Robo 3T。

单元 11
文档与集合

MongoDB 是文档型数据库，目前在非关系型数据库中非常受欢迎。学习 MongoDB 数据库的最好方式就是创建一个数据库，然后在数据库中进行文档与集合的增、删、改、查操作。

■ 学习目标

【知识目标】
理解文档与集合的含义。

【能力目标】
- 能够熟练创建数据库。
- 能够熟练创建集合。
- 能够熟练创建文档。

▌ 任务 11.1 创建数据库

视频

任务 11.1 创建
数据库

任务描述
MongoDB 安装配置完成后，首先需要创建 MongoDB 数据库。有了数据库，才可以创建相关集合与文档。

技术要点

1. 数据库
数据库由多个集合组成。在一个 MongoDB 实例中，可以承载多个数据库，不同数据库之间是相互独立的，每个数据库都有独立的权限，一般将一个应用的所有数据都存在同一个数据库中。

2. 数据库类型
MongoDB 安装后保留的数据库有：

① admin 数据库：权限数据库，如果在创建用户时，将用户添加到 admin 中，那么该用户就拥有所有数据库的操作权限。

② local 数据库：存储本地服务器上的任意集合。

③ 自定义数据库：用户根据业务要求自行建立的数据库。

3. 命名数据库的基本要求
数据库在命名时，需要遵守如下规则：

① 见名知意，根据系统的业务类型进行命名。

② 名称中不能出现空格和标点符号。

③ 名称一般都全部小写，长度最多64个字节。

④ 不能使用系统保留关键字。

4．数据库操作命令

（1）创建数据库

创建数据库，语法规则如下：

```
use 数据库名称
```

如果创建的数据库不存在，则建立新数据库，如果存在，则连接到该数据库。

（2）删除数据库

删除数据库时，必须先使用use语句连接到该数据库，然后删除当前数据库即可，语法规则如下：

```
db.dropDatabase()
```

在实际环境中，删除命令要慎用，数据库删除后具有不可恢复性。

（3）查看数据库

查看数据库，语法规则如下：

```
show dbs
```

（4）统计数据库

统计某个数据库的基本信息，首先要连接到该数据库，然后进行统计，语法规则如下：

```
db.stats()
```

（5）查看数据库中的集合名称

数据库创建好后，若要查看该数据库中有哪些集合，可以通过getCollectionNames()语句，语法规则如下：

```
db.getCollectionNames()
```

也可以使用show collections或show tables语句。

（6）查看数据库的用户角色与权限

语法规则如下：

```
show roles
```

任务实施

【例11-1】在Robo 3T中创建一个数据库nev。

打开Robo 3T，右击连接，在弹出的快捷菜单中选择"Create Database"命令，如图11-1所示。

在弹出的对话框中，输入数据库名称"nev"，单击"Create"按钮，创建数据库，如图11-2所示。

图11-1　创建数据库

图11-2　输入数据库名称

创建成功后，在左侧目录中会显示创建好的数据库，如图11-3所示，数据库中集合个数为0。

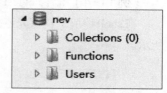

图11-3　创建好的数据库

【例11-2】在shell环境中使用命令创建一个数据库nevtest。

打开shell环境，输入语句use nevtest，运行结果如图11-4所示。

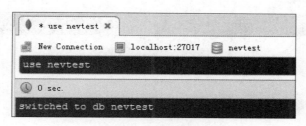

图11-4　创建数据库

【例11-3】查看当前存在的数据库。

在shell环境中，输入语句show dbs，运行结果如图11-5所示。例11-1和例11-2所创建的数据库并没有出现在查询结果中，因为刚创建的nev、nevtest数据库中无任何数据，不能显示出来。

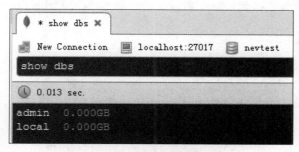

图11-5　查看数据库1

在nevtest数据库中插入一个集合后，再使用show dbs命令，就可以显示nevtest数据库了，如图11-6所示。

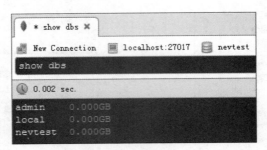

图11-6　查看数据库2

【例11-4】统计nevtest数据库的基本信息。

在shell环境中，首先连接到nevtest数据库，然后用db.stats()进行统计，运行结果如图11-7所示。

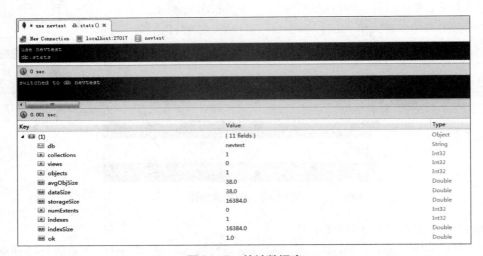

图11-7　统计数据库

【例11-5】查看数据库nevtest中的所有集合。

在shell环境中，首先连接到nevtest数据库，然后用db.getCollectionNames()查看，运行结果如图11-8所示。

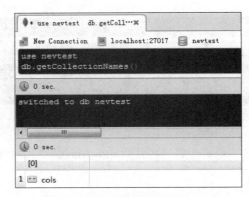

图11-8　查看数据库中集合

【例11-6】删除数据库nevtest。

在shell环境中，首先连接到nevtest数据库，然后用db.dropDatabase()删除，运行结果如图11-9所示。

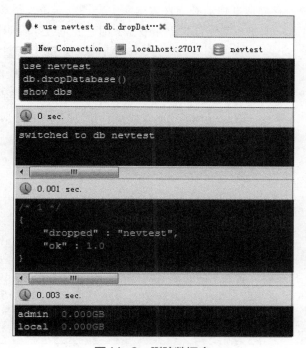

图11-9　删除数据库

任务 11.2　集合与文档操作

任务描述

文档数据库起源于Lotus公司的Notes软件产品，文档数据接口也是建立在磁盘读写的基础上，但在使用时无须预定义存储结构，插入数据时也无严格的数据检查，没有复杂的关联约束关系。

技术要点

1. 文档

文档表示单个实体信息的数据，是MongoDB中的核心概念。多个键值对有序放在一起便是一个文档，类似于其他编程语言中的映射、字典等。比如，{ "jiangsu": "Nanjing" }就是一个文档，键是"jiangsu"。值是"Nanjing"。一般情况下，一个文档会包含多个键值对。文档的键和值是有序的，键和值不能颠倒。文档区分数据类型，也区分大小写。还有一点特别需要注意的是，文档中不能出现重复的键。

2. 集合

集合类似于关系型数据库中的数据表，是一组文档的集合。

集合没有模式，一个集合中可以存在多组不同类型的文档，但一般情况下，不建议一个集合中放不同类型的文档，将多种类型放在一个文档中，不但管理困难，查询效率也很低。将相同类型的文档放在一个集合中，同类型数据更加集中，查询效率更高。

在关系型数据库中，存储数据之前必须在数据库中先将数据表按照各种约束条件定义好，然后向数据表中存入数据。当数据表中的数据量非常大时，查询效率会明显下降，尤其是一些涉及多个数据表的连接查询，查询速度会更慢，影响使用体验。非关系型数据库在设计时与关系型数据库正好相反，尽量去掉各种约束条件，存储数据之前不需要提前定义数据的存储结构。非关系型数据库没有复杂的连接查询，查询效率会比关系型数据库提高很多。

向一个数据库中插入集合，通过 createCollection() 语句实现，语法规则如下：

```
db.createCollection(name, options)
```

参数说明：

① name：要创建的集合名称。

② options：可选参数，指定有关内存大小及索引的选项。具体参数详如表 11-1 所示。

表 11-1　options 参数列表

参　数	类　型	描　述
capped	布尔	（可选）如果为 true，则创建固定集合。固定集合是指有固定大小的集合，当达到最大值时，它会自动覆盖最早的文档。 当该值为 true 时，必须指定 size 参数
autoIndexId	布尔	（可选）如为 true，自动在 _id 字段创建索引。默认为 false
size	数值	（可选）为固定集合指定一个最大值，以千字节（KB）计。如果 capped 为 true，也需要指定该字段
max	数值	（可选）指定固定集合中包含文档的最大数量

3. 向文档中插入数据

向一个文档中插入数据，通过 insert 语句实现，语法规则如下：

```
db.COLLECTION_NAME.insert(document)
```

可以通过 insertMany 插入批量数据，语法规则如下：

```
data_list=[
    {key-value},
    {key-value},
    {key-value},
    {key-value}
]
db.collection.insertMany(data_list)
```

4. 删除文档

MongoDB 使用 remove() 函数移除集合中的数据。

语法规则如下：

```
db.collection.remove(
  <query>,
  {
```

```
      justOne:<boolean>,
      writeConcern:<document>
   }
)
```

参数说明：

① query：（可选）删除的文档的条件。

② justOne：（可选）如果设为 true 或 1，则只删除一个文档；如果不设置该参数，或使用默认值 false，则删除所有匹配条件的文档。

③ writeConcern：（可选）抛出异常的级别。

5. 更新文档

MongoDB 使用 update() 和 save() 方法来更新集合中的文档。

（1）update() 方法

语法规则如下：

```
db.collection.update(
   <query>,
   <update>,
   {
     upsert:<boolean>,
     multi:<boolean>,
     writeConcern:<document>
   }
)
```

参数说明：

① query：update 的查询条件，类似 SQL UPDATE 查询内 where 后面的语句。

② update：update 的对象和一些更新的操作符（如 $、$inc）等，也可以理解为 sql update 查询内 set 后面的语句。

③ upsert：可选，这个参数用于设置不存在 update 的记录时是否插入 objNew，true 为插入，默认是 false，不插入。

④ multi：可选，mongodb 默认是 false，只更新找到的第一条记录，如果这个参数为 true，就把按条件查出来多条记录全部更新。

⑤ writeConcern：可选，抛出异常的级别。

（2）save() 方法

语法规则如下：

```
db.collection.save(
   <document>,
   {
     writeConcern:<document>
   }
)
```

参数说明：

① document：文档数据。

② writeConcern：可选，抛出异常的级别。

6. 固定集合

MongoDB 支持创建固定集合。固定集合大小固定。如果固定集合存满数据，最新的数据会覆盖最老的数据，就是说在插入新文档时，会自动淘汰最早的文档数据。

创建固定集合的语法规则如下：

```
db.createCollection("mytestcoll",{capped:true,size:100000})
```

除了指定固定大小，还可以指定文档数量，如果指定了文档数量，必须同时指定文档大小，语法规则如下：

```
db.createCollection("mytestcoll",{capped:true,size:100000,max:1000})
```

任务实施

【例 11-7】在 nev 数据库中创建一个集合 enterprise。

选择 nev 数据库，右击 Collection，在弹出的快捷菜单中选择 Create Collection 命令，创建集合，如图 11-10 所示。

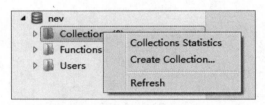

图11-10　创建集合

在弹出的对话中输入集合名称 enterprise，如图 11-11 所示。

图11-11　输入集合名

创建成果后，数据库中会显示集合 enterprise，如图 11-12 所示。

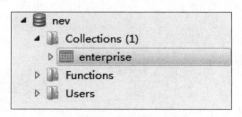

图11-12　创建好的集合

【例11-8】在nev数据库中使用命令添加一个集合pacengineinfo。

```
db.createCollection("pacengineinfo")
```

返回结果如图11-13所示。

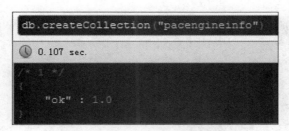

图11-13　shell中创建集合

【例11-9】向企业表中插入一个企业信息。

在 Robo 中，右击 enterprise 文档，在弹出的快捷菜单中选择 Insert Document 命令，如图 11-14 所示。

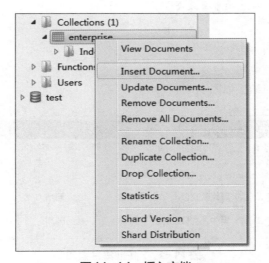

图11-14　插入文档

在代码编辑区中输入相关 Key-Value，如图11-15所示，输入完毕后单击右下角的 Save 按钮。

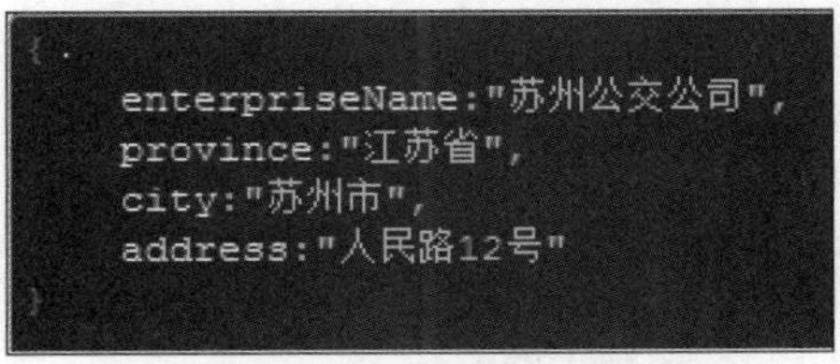

```
{
    enterpriseName:"苏州公交公司",
    province:"江苏省",
    city:"苏州市",
    address:"人民路12号"
}
```

图11-15　要插入文档的数据

对企业表执行查询：

```
db.getCollection('enterprise').find({})
```

返回结果如图11-16所示。

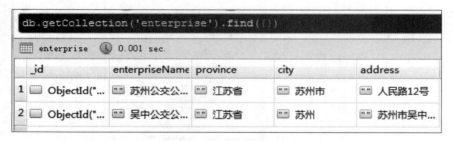

图 11-16　插入的企业信息

通过insert语句插入一条文档，语句如下：

```
db.enterprise.insert(
{
    enterpriseName:'吴中公交公司',
    province:'江苏省',
    city:'苏州',
    address:'苏州市吴中区'
})
```

再次执行查询，返回结果如图11-17所示。

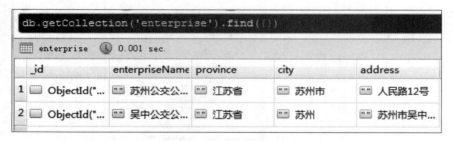

图 11-17　企业集合查询

插入一个文档，也可以通过db.collection.insertOne()语句，该语句一次只插入一个文档。

```
db.enterprise.insertOne(
{
    enterpriseName:'吴中公交公司',
    province:'江苏省',
    city:'苏州',
        address:'苏州市吴中区'
})
```

【例11-10】向企业表中插入多个企业信息。

```
db.enterprise.insert(
    [
        {
```

```
            enterpriseName:'相城公交公司',
            province:'江苏省',
            city:'苏州',
                address:'苏州市相城区'
        },
        {
            enterpriseName:'吴江公交公司',
            province:'江苏省',
            city:'苏州',
            address:'苏州市吴江区'
        }
    ],
    {ordered:true}
)
```

不同文档之间用逗号分隔，所有文档放到中括号中，{ordered:true} 为可选项，设置多个文档是否按顺序插入集合中。

查询插入多个文档后的集合，返回结果如图11-18所示。

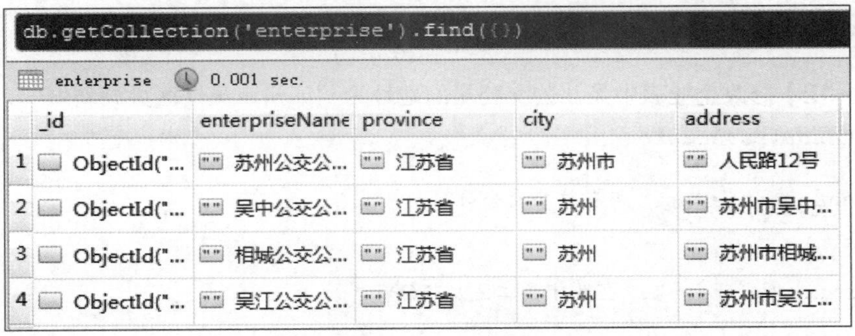

	_id	enterpriseName	province	city	address
1	ObjectId("...	苏州公交公...	江苏省	苏州市	人民路12号
2	ObjectId("...	吴中公交公...	江苏省	苏州	苏州市吴中...
3	ObjectId("...	相城公交公...	江苏省	苏州	苏州市相城...
4	ObjectId("...	吴江公交公...	江苏省	苏州	苏州市吴江...

图11-18　企业集合查询

插入多个文档也可以通过insertMany()语句实现：

```
db.enterprise.insertMany(
    [
        {
            enterpriseName:'相城公交公司',
            province:'江苏省',
            city:'苏州',
            address:'苏州市相城区'
        },
        {
            enterpriseName:'吴江公交公司',
            province:'江苏省',
            city:'苏州',
            address:'苏州市吴江区'
        }
    ],
    {ordered:true}
)
```

【例11-11】向企业表中插入一个企业信息，属性与已有的不完全相同。

```
db.enterprise.insert(
{
    enterpriseName:' 吴中公交公司 ',
    province:' 江苏省 ',
    city:' 苏州 ',
    remarks:' 新能源汽车 '
})
```

查询插入文档后的集合，返回结果如图11-19所示。

	_id	enterpriseName	province	city	address	remarks
1	ObjectId("...	苏州公交公...	江苏省	苏州市	人民路12号	
2	ObjectId("...	吴中公交公...	江苏省	苏州	苏州市吴中...	
3	ObjectId("...	相城公交公...	江苏省	苏州	苏州市相城...	
4	ObjectId("...	吴江公交公...	江苏省	苏州	苏州市吴江...	
5	ObjectId("...	吴中公交公...	江苏省	苏州		新能源汽车

图11-19　企业集合查询

【例11-12】修改企业表中吴江公交公司的地址为"苏州市吴江区太湖新城"。

```
db.enterprise.update(
{
    "enterpriseName":" 吴江公交公司 "
},
{
    $set:{"address":" 苏州市吴江区太湖新城 "}
}
)
```

修改后的结果如图11-20所示。

	_id	enterpriseName	province	city	address	remarks
1	ObjectId("...	苏州公交公...	江苏省	苏州	苏州市姑苏区	
2	ObjectId("...	吴中公交公...	江苏省	苏州	苏州市吴中区	
3	ObjectId("...	相城公交公...	江苏省	苏州	苏州市相城区	
4	ObjectId("...	吴江公交公...	江苏省	苏州	苏州市吴江区太湖新城	
5	ObjectId("...	吴中公交公...	江苏省	苏州		新能源汽车

图11-20　修改数据

【例11-13】删除remarks为"新能源汽车"的文档。

```
db.enterprise.remove(
{
    "remarks":" 新能源汽车 "
}
)
```

删除后查询集合，返回的结果如图11-21所示。

	_id	enterpriseName	province	city	address
1	ObjectId("...	苏州公交公...	江苏省	苏州	苏州市姑苏区
2	ObjectId("...	吴中公交公...	江苏省	苏州	苏州市吴中区
3	ObjectId("...	相城公交公...	江苏省	苏州	苏州市相城区
4	ObjectId("...	吴江公交公...	江苏省	苏州	苏州市吴江区太湖新城

图11-21　删除文档

【例11-14】创建车队文档，设置其文档个数最多为2000。

```
db.createCollection("motorcade",{capped:true,size:100000,max:2000})
```

单元小结

MongoDB的文档是没有预定义的模式，这和关系型数据库不同，它的每一条文档的结构都可以是不一样的。MongoDB也提供一些对文档进行约束的功能，以帮助用户约束文档。

课后习题

一、简答题

1. 简要说明创建数据库时数据库名称需要满足哪些要求。
2. 简要说明什么是集合。

二、操作题

1. 使用命令行创建数据库testdb1。
2. 使用图像化向导创建数据库testdb2。
3. 查看数据库testdb2的基本信息。
4. 向驱动电机数据包中插入一个文档。
5. 向发动机数据包中插入多个文档。

单元12
查询文档

MongoDB通过find语句查询数据，查询的结果返回一个集合文档中的子集。可以通过设置查询条件进行条件查询，也可以对查询结果的现实进行限制和排序。

▇ 学习目标

【知识目标】

理解查询语法结构。

【能力目标】

● 能熟练使用条件查询。

● 能熟练格式化查询结果。

▌ 任务12.1 文档查询

任务描述

通过find语句查询集合中各种文档。

技术要点

1. 查询结果显示模式

通过Robo 3T显示出来的查询结果主要有三种组织形式，分别是树状模式（Tree Mode）、表格模式（Table Mode）和文本模式（Text Mode）。

（1）树状模式

树状模式可以看到每一条记录的具体字段以及字段的内容和格式，但每次都要单击每一条记录左侧的三角形按钮，如图12-1所示。

（2）表格模式

表格模式便于用户观察数据的全貌，对数据有一个整体认识，但不能显示嵌入式文档，如图12-2所示。

（3）文本模式

文本模式便于用户选择数据，但一屏能够显示的内容较少，如图12-3所示。

视频

任务12.1 文档查询

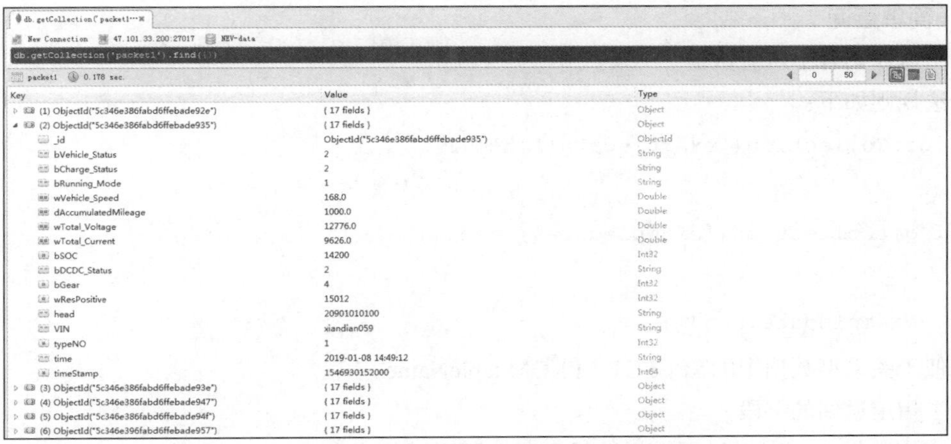

图12-1 树状模式

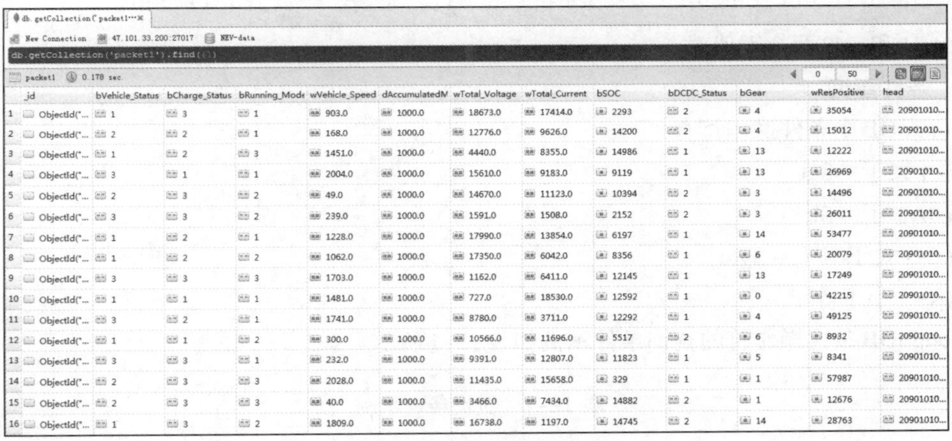

图12-2 表格模式

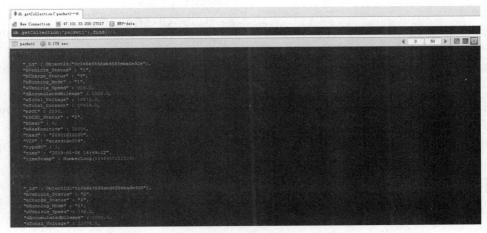

图12-3 文本模式

2. 简单查询

（1）返回集合中所有数据

语法规则如下：

```
db.getCollection('exampledata').find()
```

或者

```
db. getCollection('exampledata').find({})
```

或者

```
db. exampledata.find({})
```

类似于关系型数据中的 SELECT * FROM tableName。

（2）指定返回的字段

在查询数据时，有时候不需要返回文档中所有键值对，可以通过指定返回的字段来实现，语法规则如下：

```
db. getCollection('exampledata').find({},{"col1":1,"col2":1})
```

只显示 col1 和 col2 两个键值对。

3. 条件查询

MongoDB 中条件操作符有：

- (>) 大于 – $gt
- (<) 小于 – $lt
- (>=) 大于等于 – $gte
- (<=) 小于等于 – $lte

MongoDB 条件操作符的查询条件示例如表 12-1 所示。

表 12-1　查询条件示例

操 作	格 式	示 例	与关系数据类比
等于	{<key>:<value>}	db.col.find({"by":"xxx"}) .pretty()	where by ='xxx'
小于	{<key>:{$lt:<value>}}	db.col.find({ "likes":{$lt:50}}) .pretty()	where likes < 50
小于等于	{<key>:{$lte:<value>}}	db.col.find({ "likes":{$lte:50}}) .pretty()	here likes <= 50
大于	{<key>:{$gt:<value>}}	db.col.find({ "likes":{$gt:50}}) .pretty()	where likes > 50
大于等于	{<key>:{$gte:<value>}}	db.col.find({ "likes":{$gte:50}}) .pretty()	where likes >= 50
不等于	{<key>:{$ne:<value>}}	db.col.find({ "likes":{$ne:50}}) .pretty()	where likes != 50

4. 多条件查询

MongoDB中多条件操作可以通过AND和OR完成，实现更强大的数据查询功能。

（1）AND操作

对一个文档有多个判断时，可以使用AND操作，关键词AND可以不写出来（隐式操作），也可以写出来（显式操作），语法规则如下：

隐式操作：

```
db.getCollection('exampledata').find('col1':{ 条件 1},'col2': { 条件 2})
```

显式操作：

```
db.getCollection('exampledata').find({'$and':[ 字典 1, 字典 2, 字典 3…]})
```

注意： 当查询条件非常多的时候，查询语句中的括号会越来越多，在写查询语句时，最好先写闭合好的括号，然后再写括号中的内容，以防括号顺序错误。

AND的隐式操作和显式操作还可以混合使用。

（2）OR操作

在执行多条件查询时，有时候并不需要所有条件都满足，只要满足其中一个条件就可以了，这时可以使用OR语句操作。

OR操作与AND操作语法规则基本一致。

```
db.getCollection('exampledata').find({'$or':[ 字典 1, 字典 2, 字典 3…]})
```

（3）AND和OR混合操作

不同条件组之间可能需要使用AND和OR的混合式组合，才能实现相应的查询需求。

5. 限制返回结果记录数

如果对获取的查询记录个数有限制，可以通过limit和skip语句实现。

```
db.COLLECTION_NAME.find().limit(NUMBER)
```

或

```
db.COLLECTION_NAME.find().limit(NUMBER).skip(NUMBER)
```

skip可以指定跳过某些记录。

6. 排序

可以通过sort对查询结果按照某个属性进行升序或者降序排序，并使用1和–1来指定排序的方式，其中1为升序排列，–1为降序排列。

```
db.COLLECTION_NAME.find().sort({KEY:1})
```

任务实施

【例12-1】查询所有车辆的整车信息。

```
db.getCollection('pacvehicleinfo').find({})
```

返回结果分别如图12-4～图12-6所示。

Key	Value	Type
▷ 🔳 (1) ObjectId("5de4c3bebc69e496ac9089a5")	{ 14 fields }	Object
▷ 🔳 (2) ObjectId("5de4c3bebc69e496ac9089a6")	{ 14 fields }	Object
▷ 🔳 (3) ObjectId("5de60216cd24d9bbf5994d95")	{ 14 fields }	Object
▷ 🔳 (4) ObjectId("5de60216cd24d9bbf5994d96")	{ 14 fields }	Object
▷ 🔳 (5) ObjectId("5de6062fcd24d9bbf5994d97")	{ 14 fields }	Object
▷ 🔳 (6) ObjectId("5de6062fcd24d9bbf5994d98")	{ 14 fields }	Object
▷ 🔳 (7) ObjectId("5de6062fcd24d9bbf5994d99")	{ 14 fields }	Object
▷ 🔳 (8) ObjectId("5de6062fcd24d9bbf5994d9a")	{ 14 fields }	Object
▷ 🔳 (9) ObjectId("5de6062fcd24d9bbf5994d9b")	{ 14 fields }	Object
▷ 🔳 (10) ObjectId("5de60a18cd24d9bbf5994d9c")	{ 14 fields }	Object
▷ 🔳 (11) ObjectId("5de60a18cd24d9bbf5994d9d")	{ 14 fields }	Object
▷ 🔳 (12) ObjectId("5de60a18cd24d9bbf5994d9e")	{ 14 fields }	Object
▷ 🔳 (13) ObjectId("5de60a18cd24d9bbf5994d9f")	{ 14 fields }	Object
▷ 🔳 (14) ObjectId("5de60a18cd24d9bbf5994da0")	{ 14 fields }	Object
▷ 🔳 (15) ObjectId("5de60a18cd24d9bbf5994da1")	{ 14 fields }	Object
▷ 🔳 (16) ObjectId("5de60a18cd24d9bbf5994da2")	{ 14 fields }	Object
▷ 🔳 (17) ObjectId("5de78f3ef3a3ac4061b1d9e5")	{ 14 fields }	Object
▷ 🔳 (18) ObjectId("5de78f3ef3a3ac4061b1d9e6")	{ 14 fields }	Object
▷ 🔳 (19) ObjectId("5de78f3ef3a3ac4061b1d9e7")	{ 14 fields }	Object
▷ 🔳 (20) ObjectId("5de78f3ef3a3ac4061b1d9e8")	{ 14 fields }	Object
▷ 🔳 (21) ObjectId("5de78f3ef3a3ac4061b1d9e9")	{ 14 fields }	Object
▷ 🔳 (22) ObjectId("5de78f3ef3a3ac4061b1d9ea")	{ 14 fields }	Object

图 12-4　整车信息－树状模式

	_id	szVIN	sTime	bVehicle_Status	bCharge_Status	bRunning_Mode	wVehicle_Speed	dAccumulatedM	wTotal_Voltage	wTotal_Current	bSOC	bDCDC_Status	bGear
1	ObjectId("...	LHB12345...	2018-08-1...	1	2	1	36.0	13600.0	326.68	7.6	38.0	2	4
2	ObjectId("...	LHB12345...	2018-08-1...	1	2	1	37.0	13601.0	327.63	8.6	38.0	2	4
3	ObjectId("...	LHB12345...	2018-08-1...	2	3	2	38.0	13601.0	330.18	7.8	40.0	2	4
4	ObjectId("...	LHB12345...	2018-08-1...	3	1	1	35.0	13601.0	339.52	7.3	38.0	2	4
5	ObjectId("...	LHB12345...	2018-08-1...	2	3	1	38.0	13601.0	310.28	7.3	40.0	2	4
6	ObjectId("...	LHB12345...	2018-08-1...	1	1	1	39.0	13601.0	311.12	8.3	38.0	2	4
7	ObjectId("...	LHB12345...	2018-08-1...	3	1	1	40.0	13601.0	317.32	8.1	38.0	2	4
8	ObjectId("...	LHB12345...	2018-08-1...	3	1	1	40.0	13602.0	327.26	8.3	38.0	2	4
9	ObjectId("...	LHB12345...	2018-08-1...	3	1	1	39.0	13602.0	316.11	7.9	38.0	2	4
10	ObjectId("...	LHB12345...	2018-08-1...	2	2	1	16.0	11006.0	226.68	6.6	32.0	2	3
11	ObjectId("...	LHB12345...	2018-08-1...	1	2	1	37.0	13602.0	327.63	8.6	38.0	2	4
12	ObjectId("...	LHB12345...	2018-08-1...	2	3	2	25.0	11006.0	260.18	7.2	36.0	2	4
13	ObjectId("...	LHB12345...	2018-08-1...	3	1	1	39.0	13603.0	331.28	8.1	38.0	2	4
14	ObjectId("...	LHB12345...	2018-08-1...	3	2	1	29.0	11006.0	268.12	8.1	33.0	2	4

图12-5　整车信息－表格模式

```
pacvehicleinfo    0.003 sec.

/* 1 */
{
    "_id" : ObjectId("5de4c3bebc69e496ac9089a5"),
    "szVIN" : "LHB12345678910001",
    "sTime" : "2018-08-12 14:03:22",
    "bVehicle_Status" : "1",
    "bCharge_Status" : "2",
    "bRunning_Mode" : "1",
    "wVehicle_Speed" : 36.0,
    "dAccumulatedMileage" : 13600.0,
    "wTotal_Voltage" : 326.68,
    "wTotal_Current" : 7.6,
    "bSOC" : 38.0,
    "bDCDC_Status" : "2",
    "bGear" : "4",
    "bResPositive" : 36100.0
}

/* 2 */
{
    "_id" : ObjectId("5de4c3bebc69e496ac9089a6"),
    "szVIN" : "LHB12345678910001",
    "sTime" : "2018-08-12 14:03:32",
    "bVehicle_Status" : "1",
    "bCharge_Status" : "2",
    "bRunning_Mode" : "1",
    "wVehicle_Speed" : 37.0,
```

图12-6　整车信息－文本模式

【例12-2】查询所有车辆的整车信息，只显示车辆的车架号与车辆状态、运行模式。

```
db.getCollection('pacvehicleinfo').find({},{"szVIN":1,"bVehicle_
Status":1,"bRunning_Mode":1})
```

返回结果如图12-7所示。

```
/* 1 */
{
    "_id" : ObjectId("5de4c3bebc69e496ac9089a5"),
    "szVIN" : "LHB12345678910001",
    "bVehicle_Status" : "1",
    "bRunning_Mode" : "1"
}

/* 2 */
{
    "_id" : ObjectId("5de4c3bebc69e496ac9089a6"),
    "szVIN" : "LHB12345678910001",
    "bVehicle_Status" : "1",
    "bRunning_Mode" : "1"
}

/* 3 */
{
    "_id" : ObjectId("5de60216cd24d9bbf5994d95"),
    "szVIN" : "LHB12345678910001",
    "bVehicle_Status" : "2",
    "bRunning_Mode" : "2"
}

/* 4 */
{
    "_id" : ObjectId("5de60216cd24d9bbf5994d96"),
    "szVIN" : "LHB12345678910001",
    "bVehicle_Status" : "3",
    "bRunning_Mode" : "1"
}
```

图12-7 指定显示属性

【例12-3】查询所有车辆的整车信息，不显示车辆的速度、电压和电流信息。

当文档中属性较多时，若只有少部分属性不显示，可以专门指定不显示的属性，而不是指定所有显示的属性。

```
db.getCollection('pacvehicleinfo').find({},{"wTotal_Voltage":0,"wTotal_
Current":0,"wVehicle_Speed":0})
```

返回结果如图12-8所示。

【例12-4】查询所有车架号为"LHB12345678910001"的整车信息。

```
db.getCollection('pacvehicleinfo').find({"szVIN":"LHB12345678910001"})
```

返回结果如图12-9所示。

图12-8 指定不显示的属性

图12-9 查询特定车架号的整车信息

【例12-5】查询所有车辆运行速度小于40的整车信息。

```
db.getCollection('pacvehicleinfo').find({"wVehicle_Speed":{$lt:40}})
```

返回结果如图12-10所示。

```
/* 1 */
{
    "_id" : ObjectId("5de4c3bebc69e496ac9089a5"),
    "szVIN" : "LHB12345678910001",
    "sTime" : "2018-08-12 14:03:22",
    "bVehicle_Status" : "1",
    "bCharge_Status" : "2",
    "bRunning_Mode" : "1",
    "wVehicle_Speed" : 36.0,
    "dAccumulatedMileage" : 13600.0,
    "wTotal_Voltage" : 326.68,
    "wTotal_Current" : 7.6,
    "bSOC" : 38.0,
    "bDCDC_Status" : "2",
    "bGear" : "4",
    "bResPositive" : 36100.0
}

/* 2 */
{
    "_id" : ObjectId("5de4c3bebc69e496ac9089a6"),
    "szVIN" : "LHB12345678910001",
    "sTime" : "2018-08-12 14:03:32",
    "bVehicle_Status" : "1",
    "bCharge_Status" : "2",
    "bRunning_Mode" : "1",
    "wVehicle_Speed" : 37.0,
    "dAccumulatedMileage" : 13601.0,
    "wTotal_Voltage" : 327.68,
    "wTotal_Current" : 8.6,
    "bSOC" : 38.0,
    "bDCDC_Status" : "2",
    "bGear" : "4",
    "bResPositive" : 36100.0
}
```

图12-10　运行速度小于40的整车信息

【例12-6】查询所有车辆累计行程大于等于10 000的整车信息。

```
db.getCollection('pacvehicleinfo').find({"dAccumulatedMileage":{$gte:10000}})
```

返回结果如图12-11所示。

	_id	szVIN	sTime	bVehicle_Status	bCharge_Status	bRunning_Mode	wVehicle_Speed	dAccumulatedM
1	ObjectId(" ...	LHB12345...	2018-08-1...	1	2	1	36.0	13600.0
2	ObjectId(" ...	LHB12345...	2018-08-1...	1	2	1	37.0	13601.0
3	ObjectId(" ...	LHB12345...	2018-08-1...	2	3	2	38.0	13601.0
4	ObjectId(" ...	LHB12345...	2018-08-1...	3	1	1	35.0	13601.0
5	ObjectId(" ...	LHB12345...	2018-08-1...	3	3	2	38.0	13601.0
6	ObjectId(" ...	LHB12345...	2018-08-1...	3	1	1	39.0	13601.0
7	ObjectId(" ...	LHB12345...	2018-08-1...	3	1	1	40.0	13601.0
8	ObjectId(" ...	LHB12345...	2018-08-1...	3	1	1	40.0	13602.0
9	ObjectId(" ...	LHB12345...	2018-08-1...	3	1	1	39.0	13602.0
10	ObjectId(" ...	LHB12345...	2018-08-1...	2	2	1	16.0	11006.0
11	ObjectId(" ...	LHB12345...	2018-08-1...	1	2	1	37.0	13602.0
12	ObjectId(" ...	LHB12345...	2018-08-1...	2	3	2	25.0	11006.0

图12-11　累计行程大于等于10000的整车信息

【例 12-7】查询所有车辆运行速度大于等于40且小于等于50的整车信息。

```
db.getCollection('pacvehicleinfo').find({$and:[{"wVehicle_Speed":{$gte:40}},{"wVehicle_Speed":{$lte:50}}]})
```

返回结果如图 12-12 所示。

```
/* 6 */
{
    "_id" : ObjectId("5de78f3ef3a3ac4061b1d9eb"),
    "szVIN" : "LHB12345678910002",
    "sTime" : "2018-08-12 14:07:50",
    "bVehicle_Status" : "3",
    "bCharge_Status" : "1",
    "bRunning_Mode" : "2",
    "wVehicle_Speed" : 45.0,
    "dAccumulatedMileage" : 11007.0,
    "wTotal_Voltage" : 290.11,
    "wTotal_Current" : 7.9,
    "bSOC" : 38.0,
    "bDCDC_Status" : "2",
    "bGear" : "4",
    "bResPositive" : 36102.0
}

/* 7 */
{
    "_id" : ObjectId("5de79749f3a3ac4061b1d9ef"),
    "szVIN" : "LHB12345678910007",
    "sTime" : "2018-08-12 14:08:17",
    "bVehicle_Status" : "3",
    "bCharge_Status" : "3",
    "bRunning_Mode" : "1",
    "wVehicle_Speed" : 40.0,
    "dAccumulatedMileage" : 15003.0,
    "wTotal_Voltage" : 297.78,
```

图12-12　AND查询

【例 12-8】查询所有车辆运行速度小于等于30或大于等于40的整车信息。

```
db.getCollection('pacvehicleinfo').find({$or:[{"wVehicle_Speed":{$lte:30}},{"wVehicle_Speed":{$gte:40}}]})
```

返回结果如图 12-13 所示。

	_id	szVIN	sTime	bVehicle_Status	bCharge_Status	bRunning_Mode	wVehicle_Speed
1	ObjectId("...	LHB12345...	2018-08-1...	3	1	1	40.0
2	ObjectId("...	LHB12345...	2018-08-1...	3	1	1	40.0
3	ObjectId("...	LHB12345...	2018-08-1...	2	2	1	16.0
4	ObjectId("...	LHB12345...	2018-08-1...	2	3	2	25.0
5	ObjectId("...	LHB12345...	2018-08-1...	3	2	1	29.0
6	ObjectId("...	LHB12345...	2018-08-1...	3	1	1	40.0
7	ObjectId("...	LHB12345...	2018-08-1...	3	2	2	26.0
8	ObjectId("...	LHB12345...	2018-08-1...	1	2	1	55.0
9	ObjectId("...	LHB12345...	2018-08-1...	2	3	2	25.0
10	ObjectId("...	LHB12345...	2018-08-1...	3	3	1	40.0
11	ObjectId("...	LHB12345...	2018-08-1...	3	2	1	29.0
12	ObjectId("...	LHB12345...	2018-08-1...	3	1	1	40.0

图12-13　OR查询

【例12-9】查询所有车辆运行状态为2，并且车辆运行速度小于等于30或大于等于40的整车信息。

```
db.getCollection('pacvehicleinfo').find({"bVehicle_Status":"2",$or:
[{"wVehicle_Speed":{$lte:30}},{"wVehicle_Speed":{$gte:40}}]})
```

返回结果如图12-14所示。

	_id	szVIN	sTime	bVehicle_Status	bCharge_Status	bRunning_Mode	wVehicle_Speed
1	ObjectId("...	LHB12345...	2018-08-1...	2	2	1	16.0
2	ObjectId("...	LHB12345...	2018-08-1...	2	3	2	25.0
3	ObjectId("...	LHB12345...	2018-08-1...	2	3	2	25.0
4	ObjectId("...	LHB12345...	2018-08-1...	2	3	2	56.0

图12-14　混合查询

【例12-10】查询所有车辆运行状态为2的整车信息，只显示前6条文档。

```
db.getCollection('pacvehicleinfo').find({"bVehicle_Status":"2"}).
limit(6)
```

返回结果如图12-15所示。

	_id	szVIN	sTime	bVehicle_Status	bCharge_Status	bRunning_Mode	wVehicle_Speed	dAccumulatedM	wTotal_Voltage	wTotal_Current
1	ObjectId("...	LHB12345...	2018-08-1...	2	3	2	38.0	13601.0	330.18	7.8
2	ObjectId("...	LHB12345...	2018-08-1...	2	3	2	38.0	13601.0	310.28	7.3
3	ObjectId("...	LHB12345...	2018-08-1...	2	3	1	16.0	11006.0	226.68	6.6
4	ObjectId("...	LHB12345...	2018-08-1...	2	3	2	25.0	11006.0	260.18	7.2
5	ObjectId("...	LHB12345...	2018-08-1...	2	3	2	25.0	11007.0	260.18	8.2
6	ObjectId("...	LHB12345...	2018-08-1...	2	3	2	56.0	11008.0	261.18	8.3

图12-15　限制记录个数

【例12-11】查询所有车辆的整车信息，按照车辆的速度升序排名，只显示前6条文档，每个文档显示其车架号以及速度。

```
db.getCollection('pacvehicleinfo').find({},{"szVIN":1,"wVehicle_
Speed":1}).sort({wVehicle_Speed:1}).limit(6)
```

返回结果如图12-16所示。

	_id	szVIN	wVehicle_Speed
1	ObjectId("...	LHB12345678910002	16.0
2	ObjectId("...	LHB12345678910002	25.0
3	ObjectId("...	LHB12345678910002	25.0
4	ObjectId("...	LHB12345678910002	26.0
5	ObjectId("...	LHB12345678910005	26.0
6	ObjectId("...	LHB12345678910002	29.0

图12-16　排序

任务 12.2　游　　标

任务描述

MongoDB 中的游标相当于 C 语言的指针，关系数据库中游标可以定位到某条记录，在 MongoDB 中，则可以定位到文档。MongoDB 中游标的使用也是定义、声明、打开、读取这个过程。客户端通过游标，能够实现对最终结果进行有效的控制，诸如限制结果数量、跳过部分结果或根据任意键按任意顺序的组合对结果进行各种排序等。游标不是查询结果，而是查询的返回资源，或者接口。通过游标，可以逐条读取结果数据。

技术要点

1. 游标的概念

游标可以保存 find 查询执行结果。通过游标，可以对查询结果进行控制，比如限制结果文档数量、略过部分结果、对结果进行多组合排序等。游标会消耗内存和相关系统资源，游标使用完后应尽快释放其占用的资源。

2. 声明游标

```
var cursor = db.collectioName.find(query,projection);
Cursor.hasNext() ,        // 判断游标是否已经取到尽头
Cursor. Next() ,          // 取出游标的下 1 个单元
```

3. 使用游标

（1）输出游标结果

```
while(mycursor.hasNext()) {
    ... printjson(mycursor.next());
    ... }
```

也可以简写为：

```
for(var mycursor=db.testcusor.find(), doc=true;cursor.hasNext();)
{
    mycursor(cursor.next());
}
```

（2）通过游标插入数据

```
for(var i = 0;i<10000 ;i++) {
    ... db.testcusor.insert({_id:i+1,……});
    ... }
```

（3）回调函数

```
cursor.forEach( 回调函数 );
```

例如：

```
var cus=function(obj) {print(obj. name)}
var cursor=db.col.find();
cursor.forEach(gettitle);
```

（4）分页

例如，查到 10 000 行，跳过 100 页，取 10 行。

一般假设每页N行，当前是page页，就需要跳过前 (page−1)*N行，再取N行，在MySQL中，用limit offset、N来实现。在MongoDB中，用skip()、limit()函数来实现的。例如，如下代码实例是查询结果中跳过前9995行。

```
var mycursor = db.bar.find().skip(9995);
```

查询第901页，每页10条。代码如下：

```
var mytcursor = db.bar.find().skip(9000).limit(10);
```

（5）返回数组

通过cursor一次性得到所有数据，并返回数组。

```
var cursor = db.coll.find();
printjson(cursor.toArray());            // 看到所有行
printjson(cursor.toArray()[2]);         // 看到第2行
```

注意：不要随意使用 toArray()，因为该操作会把所有的行立即以对象形式组织在内存里，可以在取出少数几行时用此功能。

任务实施

【例12-12】通过游标获取所有企业名称。

```
var cursor=db.enterprise.find()
cursor.forEach(function(x){
    print(x.enterpriseName);
})
```

返回的结果如图12-17所示。

图12-17 通过游标获取企业名称

【例12-13】获取所有企业信息，存放到一个数组中。

```
var cursor = db.enterprise.find();
printjson(cursor.toArray());
```

返回结果如下：

```
[
    {
        "_id":ObjectId("5d1bf3ee07b70ef085db8290"),
        "enterpriseName":" 苏州公交公司 ",
        "province":" 江苏省 ",
        "city":" 苏州 ",
        "address":" 苏州市姑苏区 "
    },
    {
        "_id":ObjectId("5d1bf5367ef94241b84d8d5e"),
        "enterpriseName":" 吴中公交公司 ",
```

```
        "province":" 江苏省 ",
        "city":" 苏州 ",
        "address":" 苏州市吴中区 "
    },
    {

        "_id":ObjectId("5d1bfbd47ef94241b84d8d60"),
        "enterpriseName":" 相城公交公司 ",
        "province":" 江苏省 ",
        "city":" 苏州 ",
        "address":" 苏州市相城区 "

    },
    {

        "_id":ObjectId("5d1bfbd47ef94241b84d8d61"),
        "enterpriseName":" 吴江公交公司 ",
        "province":" 江苏省 ",
        "city":" 苏州 ",
        "address":" 苏州市吴江区太湖新城 "

    }
]
```

如果只查看第二个文档：

```
printjson(cursor.toArray()[1]);
```

返回结果如下：

```
{
    "_id":ObjectId("5de4b784bc69e496ac9089a1"),
    "enterpriseName":" 吴中公交公司 ",
    "province":" 江苏省 ",
    "city":" 苏州 ",
    "address":" 苏州市吴中区 "
}
```

【例 12-14】查询集合 pacvehicleinfo 中的整车信息，跳过前 10 条，只保留 3 条文档。

```
var mytcursor=db. pacvehicleinfo.find().skip(10).limit(3);
printjson(mytcursor.toArray());
```

返回结果如下：

```
[
    {

        "_id":ObjectId("5de60a18cd24d9bbf5994d9d"),
        "szVIN":"LHB12345678910001",
        "sTime":"2018-08-12 14:06:55",
        "bVehicle_Status":"1",
        "bCharge_Status":"2",
        "bRunning_Mode":"1",
        "wVehicle_Speed":37,
        "dAccumulatedMileage":13602,
        "wTotal_Voltage":327.63,
        "wTotal_Current":8.1,
        "bSOC":38,
        "bDCDC_Status":"2",
```

```
            "bGear":"4",
            "bResPositive":36100
    },
    {

            "_id":ObjectId("5de60a18cd24d9bbf5994d9e"),
            "szVIN":"LHB12345678910002",
            "sTime":"2018-08-12 14:06:58",
            "bVehicle_Status":"2",
            "bCharge_Status":"3",
            "bRunning_Mode":"2",
            "wVehicle_Speed":25,
            "dAccumulatedMileage":11006,
            "wTotal_Voltage":260.18,
            "wTotal_Current":7.2,
            "bSOC":36,
            "bDCDC_Status":"2",
            "bGear":"4",
            "bResPositive":36100
    },
    {

            "_id":ObjectId("5de60a18cd24d9bbf5994d9f"),
            "szVIN":"LHB12345678910001",
            "sTime":"2018-08-12 14:07:13",
            "bVehicle_Status":"3",
            "bCharge_Status":"1",
            "bRunning_Mode":"1",
            "wVehicle_Speed":39,
            "dAccumulatedMileage":13603,
            "wTotal_Voltage":331.28,
            "wTotal_Current":8.1,
            "bSOC":38,
            "bDCDC_Status":"2",
            "bGear":"4",
            "bResPositive":36102
    }
]
```

【例12-15】通过游标查询集合pacmotorInfo中的电机信息，只取前3条，使用while循环。

```
var mycursor=db.pacmotorInfo.find().limit(3);
while(mycursor.hasNext()) {
   printjson(mycursor.next());
}
```

返回结果如下：

```
{
   "_id":ObjectId("5de7277abcc887d78d9b286f"),
   "szVIN":"LHB12345678910001",
   "sTime":"2018-08-12 14:03:26",
   "bMotor_Controller_Temperature":260,
   "wMotor_Speed":3200,
   "wMotor_Torque":1236,
```

```
    "bMotor_Temperature":226,
    "wMotor_Voltage":362.36,
    "wTotal_Current":9.6
}
{
    "_id":ObjectId("5de7277abcc887d78d9b2870"),
    "szVIN":"LHB12345678910001",
    "sTime":"2018-08-12 14:03:39",
    "bMotor_Controller_Temperature":273,
    "wMotor_Speed":3300,
    "wMotor_Torque":1256,
    "bMotor_Temperature":229,
    "wMotor_Voltage":367.16,
    "wTotal_Current":8.6
}
{
    "_id":ObjectId("5de7277abcc887d78d9b2871"),
    "szVIN":"LHB12345678910001",
    "sTime":"2018-08-12 14:03:52",
    "bMotor_Controller_Temperature":252,
    "wMotor_Speed":3200,
    "wMotor_Torque":1236,
    "bMotor_Temperature":226,
    "wMotor_Voltage":362.36,
    "wTotal_Current":9.6
}
```

▋ 单元小结

查询是数据库的核心操作，也是最常用的操作，灵活运用各种查询条件，可以实现更加强大的数据查询功能。游标可以对查询结果进行各种格式化操作，包括过滤、分页等。

▋ 课后习题

一、简答题

1. 简要说明游标的作用以及使用方式。
2. 简要说明显示查询结果时有哪些模式。

二、操作题

1. 查询车架号为 LHB12345678910001 的驱动电机数据信息。
2. 查询车辆整车信息中电压值 wTotal_Voltag 在 200～300 之间（含 200 和 300）的整车信息。
3. 查询所有速度超过 50 的车辆整车信息。

单元 13
聚合查询

MongoDB 中聚合（aggregate）操作可以对数据库中原始数据按照一定的规则进行筛选处理，比如求和、求平均值等，并可以返回计算后的数据结果。类似于关系型数据库中的 count(*)、sum、avg 操作语句。

▣ 学习目标

【知识目标】
- 理解聚合语法结构。
- 理解聚合管道。

【能力目标】
能熟练聚合数据。

▎任务 13.1　聚合管道

视频

任务 13.1　聚合管道

任务描述
通过聚合语句可以对某些数据在整体状态进行统计分析，有利于用户更好地观察数据。

技术要点

1. aggregate()
聚合的语法规则如下：

```
db.COLLECTION_NAME.aggregate(AGGREGATE_OPERATION)
```

常用的聚合表达式如表 13-1 所示。

表 13-1　聚合表达式

表达式	描述	示例
$sum	求和	db.mycol.aggregate([{$group:{_id:"$by_user", num_tutorial : {$sum : "$likes"}}}])
$avg	求平均值	db.mycol.aggregate([{$group:{_id:"$by_user", num_tutorial : {$avg : "$likes"}}}])

续表

表达式	描　述	示　　例
$min	最小值	db.mycol.aggregate([{$group:{_id:"$by_user", num_tutorial : {$min : "$likes"}}}])
$max	最大值	db.mycol.aggregate([{$group:{_id:"$by_user", num_tutorial : {$max : "$likes"}}}])
$push	在结果文档中插入值到一个数组中	db.mycol.aggregate([{$group:{_id : "$by_user", url : {$push: "$url"}}}])
$addToSet	在结果文档中插入值到一个数组中，但不创建副本	db.mycol.aggregate([{$group:{_id:"$by_user",url: {$addToSet : "$url"}}}])
$first	根据资源文档的排序获取第一个文档数据	db.mycol.aggregate([{$group : {_id : "$by_user", first_url : {$first : "$url"}}}])
$last	根据资源文档的排序获取最后一个文档数据	db.mycol.aggregate([{$group : {_id : "$by_user", last_url : {$last : "$url"}}}])

2. 聚合管道

聚合管道是指将文档在一个管道处理完毕后传递给下一个管道处理，管道操作是可以重复的。下面介绍聚合框架中常用的几个操作：

① $project：修改输入文档的结构。可以用来重命名、增加或删除域，也可以用于创建计算结果以及嵌套文档。

② $match：用于过滤数据，只输出符合条件的文档。$match 使用 MongoDB 的标准查询操作。

③ $limit：用来限制 MongoDB 聚合管道返回的文档数。

④ $skip：在聚合管道中跳过指定数量的文档，并返回余下的文档。

⑤ $unwind：将文档中的某一个数组类型字段拆分成多条，每条包含数组中的一个值。

⑥ $group：将集合中的文档分组，可用于统计结果。

⑦ $sort：将输入文档排序后输出。

⑧ $geoNear：输出接近某一地理位置的有序文档。

MongoDB 的聚合操作和 MySQL 的查询的区别如表 13-2 所示。

表 13-2　SQL 与 MongoDB 区别

SQL 操作/函数	MongoDB 聚合操作
where	$match
group by	$group
having	$match
select	$project
order by	$sort
limit	$limit

SQL 操作/函数	MongoDB 聚合操作
sum()	$sum
count()	$sum
join	$lookup

3. 联集合查询

如果想同时查询多个集合中数据，可以使用联集合查询，语法规则如下：

```
主集合 .aggregate([
    {'$lookup':
    {'from':'被连集合名 ',
    'localField':'主集合字段 ',
    'foreignField':'被连集合字段 ',
    'as':'保存查询结果名 '
    }
    }
])
```

注意：主集合与被连集合顺序不要搞反，否则结果不同。

任务实施

【例13-1】统计整车集合中的文档数量。

```
db.getCollection('pacvehicleinfo').count()
```

返回结果如图 13-1 所示。

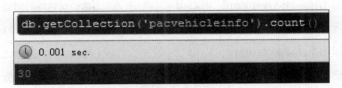

图13-1　计数

【例13-2】返回整车集合中的车架号以及车辆状态信息。

字段过滤与 find 语句类似，要显示的字段用 1，如果 _id 不需要显示，指定其值为 0 即可，聚合语句如下：

```
db.getCollection('pacvehicleinfo').aggregate([{'$project':{'_id':0,"
szVIN":1,"bVehicle_Status":1}}])
```

返回结果如图 13-2 所示。

查询结果中还可以添加文档中不存在的字段，聚合语句如下：

```
db.getCollection('pacvehicleinfo').aggregate{[{'$project':{'_id':0,"
szVIN":1,"bVehicle_Status":1,'remarks':'新能源汽车 '}}])
```

返回结果如图 13-3 所示。

	szVIN	bVehicle_Status
1	LHB12345678910001	1
2	LHB12345678910001	1
3	LHB12345678910001	2
4	LHB12345678910001	3
5	LHB12345678910001	2
6	LHB12345678910001	3
7	LHB12345678910001	3
8	LHB12345678910001	3
9	LHB12345678910001	3
10	LHB12345678910002	2

图13-2　返回部分字段

	szVIN	bVehicle_Status	remarks
1	LHB1234567891...	1	新能源汽车
2	LHB1234567891...	1	新能源汽车
3	LHB1234567891...	2	新能源汽车
4	LHB1234567891...	3	新能源汽车
5	LHB1234567891...	2	新能源汽车
6	LHB1234567891...	3	新能源汽车
7	LHB1234567891...	3	新能源汽车
8	LHB1234567891...	3	新能源汽车
9	LHB1234567891...	3	新能源汽车
10	LHB1234567891...	2	新能源汽车

图13-3　添加新字段

从图 13-3 所示的返回结果可以看出，在 $project 中，如果字段值不为 0 或 1，则返回字符串本身。如果字符前面加上符号"$"，则逐行复制相应字段数据，如将上述语句修改如下：

```
db.getCollection('pacvehicleinfo').aggregate([{'$project':{'_id':0,"
szVIN":1,"bVehicle_Status":1,'remarks':"$szVIN"}}])
```

返回结果如图 13-4 所示。

	szVIN	bVehicle_Status	remarks
1	LHB12345678910001	1	LHB12345678910001
2	LHB12345678910001	1	LHB12345678910001
3	LHB12345678910001	2	LHB12345678910001
4	LHB12345678910001	3	LHB12345678910001
5	LHB12345678910001	2	LHB12345678910001
6	LHB12345678910001	3	LHB12345678910001
7	LHB12345678910001	3	LHB12345678910001
8	LHB12345678910001	3	LHB12345678910001
9	LHB12345678910001	3	LHB12345678910001
10	LHB12345678910002	2	LHB12345678910002

图13-4　复制字段

【例13-3】查询驱动电机集合中所有车架号为"LHB12345678910002"的文档信息，只显示车架号、扭矩、转速，_id 不显示。

这里需要先把特定车架号的车辆筛选出来，然后指定要显示的属性，聚合语句如下：

```
db.getCollection('pacmotorInfo').aggregate([{{'$match':{'szVIN':'LHB12
345678910002'}},{'$project':{'_id':0,'szVIN':1,'wMotor_Speed':1,'wMotor_
Torque':1}}])
```

返回结果如图 13-5 所示。

	szVIN	wMotor_Speed	wMotor_Torque
1	LHB12345678910002	1200.0	1036.0
2	LHB12345678910002	2670.0	1936.0
3	LHB12345678910002	3210.0	1636.0
4	LHB12345678910002	1680.0	1237.0
5	LHB12345678910002	3121.0	1779.0
6	LHB12345678910002	3139.0	1666.0

图13-5　筛选加过滤字段

【例13-4】在驱动电机集合中分别统计各个车辆的驱动电机控制器平均温度，查询结果包含车架号以及平均温度。

```
db.getCollection('pacmotorInfo').aggregate([{'$group':{'_id':'$szVIN',
'avg_bMotor_Controller_Temperature':{'$avg':'$bMotor_Controller_
Temperature'}}}])
```

返回结果如图13-6所示。

	_id	avg_bMotor_Controller_Temperature
1	LHB12345678910007	234.5
2	LHB12345678910006	210.0
3	LHB12345678910005	259.333333333333
4	LHB12345678910001	266.727272727273
5	LHB12345678910002	243.111111111111

图13-6　计算平均值

【例13-5】查询企业所在的城市。

每个企业所在的城市有可能是一样的，在统计时，需要去重。

```
db.getCollection('enterprise').aggregate([{'$group':{'_id':'$city'}}])
```

返回结果如图13-7所示。

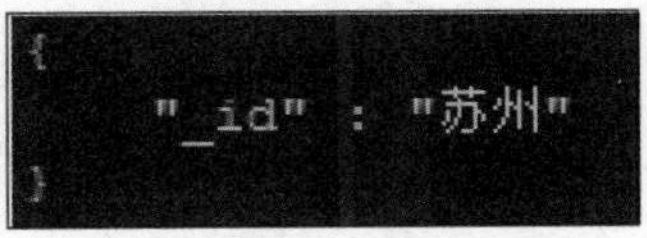

```
{
    "_id" : "苏州"
}
```

图13-7　分组统计结果

【例13-6】在整车信息集合中分别统计各车辆的最高、最低、平均运行速度。

```
db.getCollection('pacvehicleinfo').aggregate([
    {'$group':
     {'_id':'$szVIN',
      'max_speed':{'$max':'$wVehicle_Speed'},
```

```
        'min_speed':{'$min':'$wVehicle_Speed'},
        'avg_speed':{'$avg':'$wVehicle_Speed'}
      }
    }
])
```

返回结果如图13-8所示。

	_id	max_speed	min_speed	avg_speed
1	LHB12345...	29.0	26.0	28.0
2	LHB12345...	40.0	40.0	40.0
3	LHB12345...	55.0	40.0	50.75
4	LHB12345...	40.0	35.0	38.166666...
5	LHB12345...	56.0	16.0	34.0

图13-8　分组统计速度信息

注意："$sum"和"$avg"的值对应的字段应该都是数字类型，如果是非数字类型，那么"$sum"返回的结果将是0，"$avg"返回的结果将是null；字符串是可以比较大小的，因此"$max"和"$min"可以应用到字符型数据。另外，"$sum"的值可以使用数字1，这样查询语句就可以统计每个分组内的记录个数。

修改上述查询语句：

```
db.getCollection('pacvehicleinfo').aggregate([
    {'$group':
    {'_id':'$szVIN',
     'dcnt':{'$sum':1},
     'max_speed':{'$max':'$wVehicle_Speed'},
     'min_speed':{'$min':'$wVehicle_Speed'},
     'avg_speed':{'$avg':'$wVehicle_Speed'}
    }
  }
])
```

返回结果如图13-9所示。

	_id	dcnt	max_speed	min_speed	avg_speed
1	LHB12345678910005	3.0	29.0	26.0	28.0
2	LHB12345678910007	2.0	40.0	40.0	40.0
3	LHB12345678910006	4.0	55.0	40.0	50.75
4	LHB12345678910001	12.0	40.0	35.0	38.166666...
5	LHB12345678910002	9.0	56.0	16.0	34.0

图13-9　统计记录个数

【例13-7】查询车辆的整车信息以及驱动电机信息。

```
db.getCollection('pacvehicleinfo').aggregate([
    {'$lookup':
```

```
  {'from':'pacmotorInfo',
   'localField':'szVIN',
   'foreignField':'szVIN',
   'as':'MotorInfo'
    }
  }
])
```

返回结果如图13-10所示。

wTotal_Voltage	wTotal_Current	bSOC	bDCDC_Status	bGear	bResPositive	MotorInfo
326.68	7.6	38.0	2	4	36100.0	[11 elem...
327.63	8.6	38.0	2	4	36100.0	[11 elem...
330.18	7.8	40.0	2	4	36100.0	[11 elem...
339.52	7.3	38.0	2	4	36100.0	[11 elem...
310.28	7.3	40.0	2	4	36100.0	[11 elem...
311.12	8.3	38.0	2	4	36102.0	[11 elem...
317.32	8.1	38.0	2	4	36102.0	[11 elem...
327.26	8.3	38.0	2	4	36102.0	[11 elem...
316.11	7.9	38.0	2	4	36102.0	[11 elem...
226.68	6.6	32.0	2	3	33100.0	[9 eleme...

图13-10　联集合查询

在查询结果中，可以看出 MotorInfo 字段是一个数组，是一个嵌入式文档，该文档包含被连集合中的信息，如图13-11所示。

```
"MotorInfo" : [
    {
        "_id" : ObjectId("5de7277abcc887d78d9b286f"),
        "szVIN" : "LHB12345678910001",
        "sTime" : "2018-08-12 14:03:26",
        "bMotor_Controller_Temperature" : 260.0,
        "wMotor_Speed" : 3200.0,
        "wMotor_Torque" : 1236.0,
        "bMotor_Temperature" : 226.0,
        "wMotor_Voltage" : 362.36,
        "wTotal_Current" : 9.6
    },
    {
        "_id" : ObjectId("5de7277abcc887d78d9b2870"),
        "szVIN" : "LHB12345678910001",
        "sTime" : "2018-08-12 14:03:39",
        "bMotor_Controller_Temperature" : 273.0,
        "wMotor_Speed" : 3300.0,
        "wMotor_Torque" : 1256.0,
        "bMotor_Temperature" : 229.0,
        "wMotor_Voltage" : 367.16,
        "wTotal_Current" : 8.6
    },
    {
        "_id" : ObjectId("5de7277abcc887d78d9b2871"),
```

图13-11　文本模式中观察返回结果

【**例13-8**】例13-7查询返回的结果不太方便阅读，可以使用 \$unwind 和 \$project 来美化查询结果。

```
db.getCollection('pacvehicleinfo').aggregate([
    {'$lookup':
     {'from':'pacmotorInfo',
      'localField':'szVIN',
      'foreignField':'szVIN',
      'as':'MotorInfo'
     }
    },
    {'$unwind':'$MotorInfo'}
])
```

返回结果如图13-12所示。

```
"sTime" : "2018-08-12 14:03:22",
"bVehicle_Status" : "1",
"bCharge_Status" : "2",
"bRunning_Mode" : "1",
"wVehicle_Speed" : 36.0,
"dAccumulatedMileage" : 13600.0,
"wTotal_Voltage" : 326.68,
"wTotal_Current" : 7.6,
"bSOC" : 38.0,
"bDCDC_Status" : "2",
"bGear" : "4",
"bResPositive" : 36100.0,
"MotorInfo" : {
    "_id" : ObjectId("5de7277abcc887d78d9b286f"),
    "szVIN" : "LHB12345678910001",
    "sTime" : "2018-08-12 14:03:26",
    "bMotor_Controller_Temperature" : 260.0,
    "wMotor_Speed" : 3200.0,
    "wMotor_Torque" : 1236.0,
    "bMotor_Temperature" : 226.0,
    "wMotor_Voltage" : 362.36,
    "wTotal_Current" : 9.6
}
}
```

图13-12 美化后结果

从查询结果可以看出，每条主查询记录对应一个嵌入式文档显示。

还可以从主查询和关联查询中分别提取若干内容显示，查询代码如下：

```
db.getCollection('pacvehicleinfo').aggregate([
    {'$lookup':
     {'from':'pacmotorInfo',
      'localField':'szVIN',
      'foreignField':'szVIN',
      'as':'MotorInfo'
     }
```

```
    },
  {'$unwind':'$MotorInfo'},
  { '$project':{
      'VIN':1,
      'wTotal_Voltage':1,
      'wTotal_Current':1,
      'wMotor_Torque':'$MotorInfo.wMotor_Torque',
      'bMotor_Temperature':'$MotorInfo.bMotor_Temperature'
    }
  }
])
```

返回结果如图 13-13 所示。

	_id	wTotal_Voltage	wTotal_Current	wMotor_Torque	bMotor_Temper
1	ObjectId("...	326.68	7.6	1236.0	226.0
2	ObjectId("...	326.68	7.6	1256.0	229.0
3	ObjectId("...	326.68	7.6	1236.0	226.0
4	ObjectId("...	326.68	7.6	1252.0	256.0
5	ObjectId("...	326.68	7.6	1229.0	233.0
6	ObjectId("...	326.68	7.6	1276.0	221.0
7	ObjectId("...	326.68	7.6	1286.0	239.0
8	ObjectId("...	326.68	7.6	1936.0	286.0
9	ObjectId("...	326.68	7.6	1337.0	227.0
10	ObjectId("...	326.68	7.6	1587.0	249.0

图13-13　选取部分字段显示

任务 13.2　map-reduce

任务描述

查询返回的数据量很大的情况下，如果做一些比较复杂的统计和聚合操作所花费的时间比较长，可以用MapReduce来实现。Map-Reduce是一种计算模型，简单地说就是将大批量的工作（数据）分解（Map）执行，然后再将结果合并成最终结果（Reduce）。

技术要点

1. MapReduce概述

MapReduce是个非常灵活和强大的数据聚合工具。它可以把一个聚合任务分解为多个小的任务，分配到多服务器上并行处理。

MongoDB中的MapReduce主要有以下几阶段：

① Map：把一个操作Map到集合中的每一个文档。

② Shuffle：根据Key分组文档，并且为每个不同的Key生成一系列（≥1个）的值表（List of values）。

③ Reduce：处理值表中的元素，直到值表中只有一个元素。然后将值表返回到Shuffle过程，循环处理，直到每个Key只对应一个值表，并且此值表中只有一个元素，这就是MR的结果。

④ Finalize：此步骤不是必需的。在得到MR最终结果后，再进行一些数据"修剪"性质的处理。

MongoDB中使用emit函数向MapReduce提供Key/Value对。Reduce函数接收两个参数：Key、emits。Key即为emit函数中的Key。emits是一个数组，它的元素就是emit函数提供的Value。Reduce函数的返回结果必须要能被Map或者Reduce重复使用，所以返回结果必须与emits中元素结构一致。Map或者Reduce函数中的this关键字代表当前被Mapping文档。

2. MapReduce方法

```
db.collection.mapReduce(
    map,
    reduce,
    {
        query: query,
        out: out,
        sort: sort,
        limit: limit,
        finalize: function
        scope: document,
        jsMode:boolean
        verbose:boolean
        keytemp: boolean
    }
)
```

参数说明：

• map：function(){emit(this.cat_id,this.goods_number); }，函数内部要调用内置的emit函数，cat_id代表根据cat_id来进行分组，goods_number代表把文档中的goods_number字段映射到cat_id分组上的数据，其中this是指向向前的文档的，这里的第二个参数可以是一个对象，如果是一个对象，也是作为数组的元素压进数组里面。

• reduce：function(cat_id,all_goods_number) {return Array.sum(all_goods_number)}，cat_id代表着cat_id当前的这一组，all_goods_number代表当前这一组的goods_number集合，这部分返回的就是结果中的value值。

• out：<output>，输出到某一个集合中，另外还支持输出到其他db的分片中，具体用到时请查阅文档，筛选出现的键名分别是_id和value。

• query：<document>，一个查询表达式，先查询出来，再进行MapReduce。

• sort：<document>，发往map函数前先给文档排序。

• limit：<number>，发往map函数的文档数量上限，该参数不能用在分片模式下的MapReduce。

• finalize：function(key, reducedValue) {return modifiedObject; }，从reduce函数中接收的参

数key与reducedValue，并且可以访问scope中设定的变量。

- scope：<document>，指定一个全局变量，能应用于finalize和reduce函数。
- jsMode：<boolean>，布尔值，设置是否减少执行过程中BSON和JS的转换，默认为true，true时BSON→JS→map→reduce→BSON，false时 BSON→JS→map→BSON→JS→reduce→BSON，可处理非常大的MapReduce。
- verbose：<boolean>，设置是否产生更加详细的服务器日志，默认为true。

MapReduce过程如图13-14和图13-15所示。

```
Collection
     ↓
db.orders.mapReduce(
    map      →   function() { emit( this.cust_id, this.amount ); },
    reduce   →   function(key, values) { return Array.sum( values ) },
             {
    query    →     query: { status: "A" },
    output   →     out: "order_totals"
             }
           )
```

图13-14 MapReduce过程1

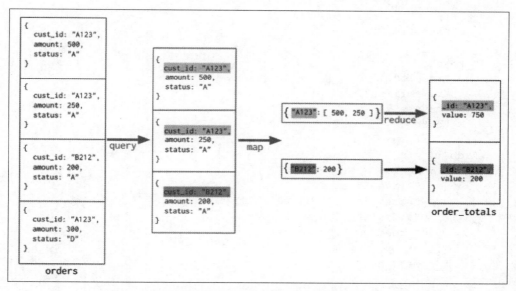

图13-15 MapReduce过程2

不是每次Map都有Reduce的，如果Map的结果不是数组，MongoDB就不会执行Reduce。

任务实施

【例13-9】统计各个省份对应的企业数量。

```
var map=function(){emit(this.province,1)}
var reduce=function(key,value){return Array.sum(value)}
var options={out:"entNum"}
db.enterprise.mapReduce(map,reduce,options);
db.entNum.find()
```

返回结果1如下:

```
/* 1 */
{
    "result":"entNum",
    "timeMillis":37.0,
    "counts":{
        "input":8,
        "emit":8,
        "reduce":2,
        "output":2
    },
    "ok":1.0,
    "_o":{
        "result":"entNum",
        "timeMillis":37,
        "counts":{
            "input":8,
            "emit":8,
            "reduce":2,
            "output":2
        },
        "ok":1.0
    },
    "_keys":[
        "result",
        "timeMillis",
        "counts",
        "ok"
    ],
    "_db":{
        "_mongo":{
            "slaveOk":true,
            "host":"47.101.33.200:27017",
            "defaultDB":"test",
            "_readMode":"commands"
        },
        "_name":"nev"
    },
    "_coll":{
        "_mongo":{
            "slaveOk":true,
            "host":"47.101.33.200:27017",
            "defaultDB":"test",
            "_readMode":"commands"
        },
        "_db":{
            "_mongo":{
                "slaveOk":true,
                "host":"47.101.33.200:27017",
                "defaultDB":"test",
```

```
                    "_readMode":"commands"
                },
                "_name":"nev"
            },
            "_shortName":"entNum",
            "_fullName":"nev.entNum"
        }
    }
```

返回结果2如图13-16所示。

_id	value
1　安徽省	2.0
2　江苏省	6.0

图13-16　统计各个省企业数量

【例13-10】统计每个省份对应的企业名称。

```
var map=function(){emit(this.province,this.enterpriseName)}
var reduce=function(key,value){return value.join(',')}
var options={out:"entdetail"}
db.enterprise.mapReduce(map,reduce,options)
db.entdetail.find()
```

返回结果如图13-17所示。

_id	value
1　安徽省	合肥公交公司,合肥高新区公交公司
2　江苏省	苏州公交公司,吴中公交公司,相城公交公司,吴江公交公司,无锡高新区公交公司,无锡新吴区公交公司

图13-17　显示各省企业名称

单元小结

聚合框架是MongoDB的高级查询语言，允许用户通过转化合并由多个文档的数据来生成新的在单个文档里不存在的文档信息。通俗一点来说，可以把MongoDB的聚合查询等价于SQL的GROUP BY语句。

课后习题

操作题

1. 统计驱动电机集合中温度最高的车辆信息。
2. 统计整车信息集合中电流值最高的车辆信息。
3. 查询驱动电机集合中电流值在8~10之间的车辆信息。
4. 查询各个市对应的车企数量。
5. 查询各个市对应的车企名称信息。

单元 14
MongoDB 索引与优化

当数据量非常大的时候，如何保证查询效率是系统开发时必须要考虑的内容。索引通常能够极大地提高数据查询的效率。有了索引，在读取数据时就可以避免扫描集合中的每个文件。

学习目标

【知识目标】
- 理解索引。
- 理解优化的意义。

【能力目标】
- 能够熟练创建索引。
- 能够熟练优化查询。

任务 14.1　索　引

任务描述

索引的作用是提高系统的查询速度。如果没有建立索引，查询时需要遍历集合中所有文档，当数据量非常大时，查询所耗费的时间是非常大的。建立基于集合的索引可以大大提高查询效率。

视频

任务 14.1　索引

技术要点

1. 索引

（1）单字段索引

MongoDB 使用 createIndex() 方法创建索引，语法规则如下：

```
db.collection.createIndex(keys, options)
```

keys 值为用户要创建的索引字段，options 指定排序方式，1 表示按升序创建索引，–1 表示按降序创建索引。

CreateIndex 还可以接收可选参数，如表 14–1 所示。

表 14-1 索引可选参数

参　数	类　型	含　义
background	Boolean	建索引过程会阻塞其他数据库操作，background 可指定以后台方式创建索引，即增加 "background" 可选参数。"background" 默认值为 false
Unique	Boolean	建立的索引是否唯一。指定为 true 创建唯一索引。默认值为 false
Name	string	索引的名称。如果未指定，MongoDB 将通过连接索引的字段名和排序顺序生成一个索引名称
Sparse	Boolean	对文档中不存在的字段数据不启用索引；这个参数需要特别注意，如果设置为 true，在索引字段中不会查询出不包含对应字段的文档.。默认值为 false
expireAfterSeconds	integer	指定一个以秒为单位的数值，完成 TTL 设定，设定集合的生存时间
V	index version	索引的版本号。默认的索引版本取决于 MongoDB 创建索引时运行的版本
Weights	document	索引权重值，数值在 1 ~ 99 999 之间，表示该索引相对于其他索引字段的得分权重
default_language	string	对于文本索引，该参数决定了停用词及词干和词器的规则的列表。默认为英语
language_override	string	对于文本索引，该参数指定了包含在文档中的字段名，语言覆盖默认的 language。默认值为 language

（2）多字段索引

可以对集合中多个字段建立索引，语法规则如下：

```
db.collection. createIndex(key1:options, key2:options,...)
```

（3）文本索引

为集合中文本字段内容建立文本索引，语法规则如下：

```
db.collection. createIndex(key:"text")
```

通过文本索引，可以模糊查找多个字段：

```
db.articles.find({$text:{$search:'aa bb cc'}})
 { "_id":ObjectId("5b638940be4539ecd263d2d2"), "author":"luxun",
"title":" 背影 ", "article":"aa bb rr gg" }
 { "_id":ObjectId("5b63893abe4539ecd263d2d1"), "author":"luxun",
"title":" 背影 ", "article":"aa bb cc dd ee" }
 { "_id":ObjectId("5b63894bbe4539ecd263d2d3"), "author":"luxun",
"title":" 背影 ", "article":"aa bb hh oo dssd hlk" }
```

这里是查询，或者包含 aa，或者包含 bb，或者包含 cc 都会返回。

如果查询时想要不包含某个字符串，可以用负号：

```
db.articles.find({$text:{$search:'aa bb -cc'}})
 { "_id":ObjectId("5b638940be4539ecd263d2d2"), "author":"luxun",
"title":" 背影 ", "article":"aa bb rr gg" }
```

```
    { "_id":ObjectId("5b63894bbe4539ecd263d2d3"), "author":"luxun",
"title":"背影", "article":"aa bb hh oo dssd hlk" }
```

可以看到，返回了两条包含 aa bb 但是不包含 cc 的数据。

有的时候想用与的方式查找，就需要将字符串用引号引起来：

```
db.articles.find({$text:{$search:'"aa" "bb" "cc"'}})
    { "_id":ObjectId("5b63893abe4539ecd263d2d1"), "author":"luxun",
"title":"背影", "article":"aa bb cc dd ee" }
```

或

```
db.articles.find({$text:{$search:"\"aa\" \"bb\" \"cc\""}})
    { "_id":ObjectId("5b63893abe4539ecd263d2d1"), "author":"luxun",
"title":"背影", "article":"aa bb cc dd ee" }
```

（4）查看索引

查看集合中的索引，语法规则如下：

```
db.col.getIndexes()
```

查看索引大小，语法规则如下：

```
db.col.totalIndexSize()
```

（5）删除索引

删除集合中所有索引，语法规则如下：

```
db.col.dropIndexes()
```

删除集合中特定索引，语法规则如下：

```
db.col.dropIndex(" 索引名称 ")
```

2. 查询分析

查询分析是查询语句性能分析的重要工具，可以验证所建立的索引是否有效。

（1）explain()

explain 操作提供了查询信息，使用索引及查询统计等，有利于用户对索引的优化。

在 users 集合中创建 gender 和 user_name 的索引：

```
db.users.ensureIndex({gender:1,user_name:1})
```

在查询语句中可以使用 explain：

```
db.users.find({gender:"M"}, {user_name:1,_id:0}).explain()
```

以上的 explain() 查询返回结果如下：

```
{
    "cursor":"BtreeCursor gender_1_user_name_1",
    "isMultiKey":false,
    "n":1,
    "nscannedObjects":0,
    "nscanned":1,
    "nscannedObjectsAllPlans":0,
    "nscannedAllPlans":1,
    "scanAndOrder":false,
    "indexOnly":true,
    "nYields":0,
```

```
    "nChunkSkips":0,
    "millis":0,
    "indexBounds":{
        "gender":[
            [
                "M",
                "M"
            ]
        ],
        "user_name":[
            [
                {
                    "$minElement":1
                },
                {
                    "$maxElement":1
                }
            ]
        ]
    }
}
```

结果集的字段说明：

● indexOnly：字段为true，表示使用了索引。

● cursor：如果查询使用了索引，因为MongoDB中索引存储在B树结构中，所以这是使用了 BtreeCursor 类型的游标。如果没有使用索引，游标的类型是 BasicCursor。

● n：查询返回的文档数量。

● nscanned/nscannedObjects：查询扫描过的集合中文档个数。

● millis：查询所需时间，单位为毫秒。

● indexBounds：查询具体使用的索引。

（2）hint()

可以使用hint语句来强制 MongoDB 使用一个指定的索引。

如下查询实例指定了使用gender和user_name索引字段来查询：

```
db.users.find({gender:"M"},{user_name:1,_id:0}).hint({gender:1,user_name:1})
```

可以使用 explain() 函数来分析以上查询：

```
db.users.find({gender:"M"},{user_name:1,_id:0}).hint({gender:1,user_
name:1}).explain()
```

3. 索引限制

数据库中建立索引的主要目的是提高系统查询效率，但有时不合理的索引可能会引发各种问题。

（1）索引开销

建立索引需要消耗存储空间，同时更新数据时，需要对索引进行更新操作，这个过程会影响数据库的读写性能。一般来说，如果一个应用系统查询操作用得比较少，一般不建议使用索引。

（2）查询限制

索引不能被以下查询使用：

① 算数运算符，如 $mod。

② $where 子句。

③ 正则表达式及非操作符，如 $not、$nin 等。

（3）索引范围

一个集合中创建的索引不能超过64个，一个多值索引最多可以包含31个字段。

（4）内存限制

索引在使用时是驻留在内存中运行的，所以索引的大小不能超过内存的限制。索引的大小超过内存限制范围后，将导致系统性能下降。

一般情况下，以写操作为主的集合不适合创建索引。

任务实施

【例14-1】对 enterprise 集合中的 enterpriseName 字段建立索引。

```
db.enterprise.createIndex({enterpriseName:1})
```

索引创建成功后返回如图14-1所示。

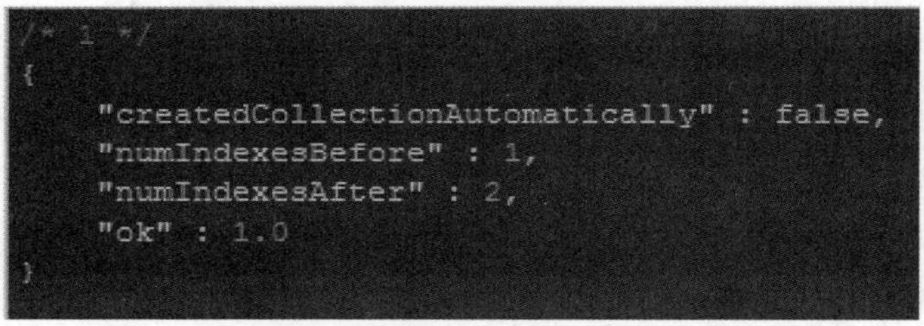

```
/* 1 */
{
    "createdCollectionAutomatically" : false,
    "numIndexesBefore" : 1,
    "numIndexesAfter" : 2,
    "ok" : 1.0
}
```

图14-1 创建索引

【例14-2】对 enterprise 集合中的 province 和 city 字段建立多字段索引。

```
db.enterprise.createIndex({province:1,city:1})
```

索引创建成功后返回如图14-2所示。

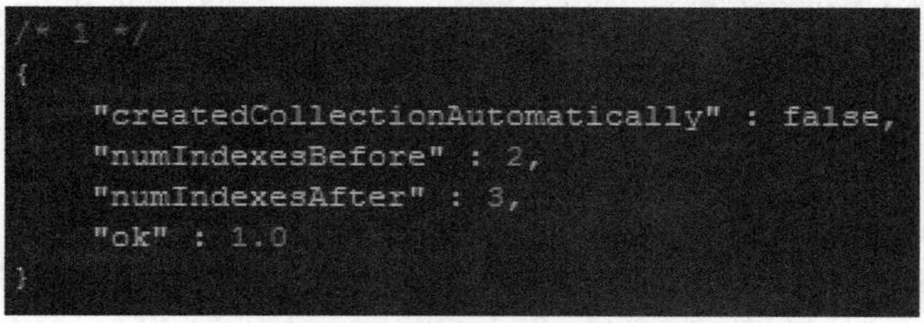

```
/* 1 */
{
    "createdCollectionAutomatically" : false,
    "numIndexesBefore" : 2,
    "numIndexesAfter" : 3,
    "ok" : 1.0
}
```

图14-2 多字段索引

【例14-3】对 enterprise 集合中的 address 字段建立文本索引。

```
db.enterprise.createIndex({address:"text"})
```

通过文本索引查询：

```
db.enterprise.find({$text:{$search:' 苏州市姑苏区 '}})
```

返回结果如图 14-3 所示。

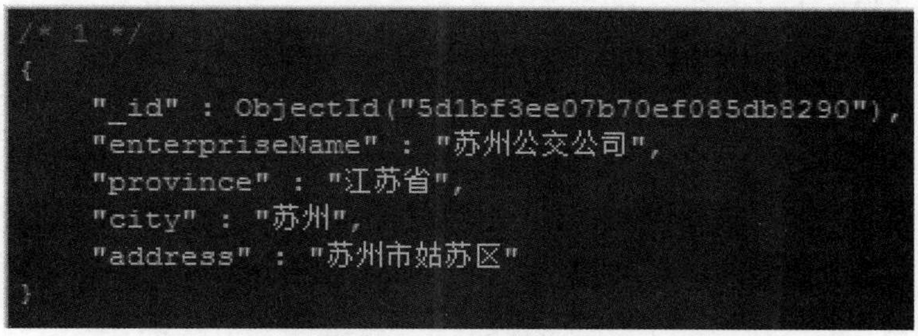

```
/* 1 */
{
    "_id" : ObjectId("5d1bf3ee07b70ef085db8290"),
    "enterpriseName" : "苏州公交公司",
    "province" : "江苏省",
    "city" : "苏州",
    "address" : "苏州市姑苏区"
}
```

图14-3　文本索引查询

【例14-4】查看enterprise集合上存在的所有索引。

```
db.enterprise.getIndexes()
```

返回结果如下：

```
/* 1 */
[
    {
        "v":2,
        "key":{
            "_id":1
        },
        "name":"_id_",
        "ns":"nev.enterprise"
    },
    {
        "v":2,
        "key":{
            "enterpriseName":1.0
        },
        "name":"enterpriseName_1",
        "ns":"nev.enterprise"
    },
    {
        "v":2,
        "key":{
            "province":1.0,
            "city":1.0
        },
        "name":"province_1_city_1",
        "ns":"nev.enterprise"
    },
    {
        "v":2,
        "key":{
```

```
                    "_fts":"text",
                    "_ftsx":1
                },
                "name":"address_text",
                "ns":"nev.enterprise",
                "weights":{
                    "address":1
                },
                "default_language":"english",
                "language_override":"language",
                "textIndexVersion":3
        }
]
```

【例14-5】查看 enterprise 集合上索引的大小。

```
db.enterprise.totalIndexSize()
```

返回结果如图14-4所示。

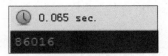

图14-4　索引大小

【例14-6】删除 enterprise 集合中的 address 字段上建立的文本索引。

```
db.enterprise.dropIndex("address_text")
```

返回结果如图14-5所示。

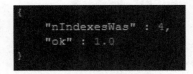

图14-5　删除索引

再查一次 enterprise 集合上的索引：

```
db.enterprise.getIndexes()
```

返回结果如下：

```
/* 1 */
[
    {
        "v":2,
        "key":{
            "_id":1
        },
        "name":"_id_",
        "ns":"nev.enterprise"
    },
```

```
{
    "v":2,
    "key":{
        "enterpriseName":1.0
    },
    "name":"enterpriseName_1",
    "ns":"nev.enterprise"
},
{
    "v":2,
    "key":{
        "province":1.0,
        "city":1.0
    },
    "name":"province_1_city_1",
    "ns":"nev.enterprise"
}
]
```

address 上的文本索引已经被删除了。

【例 14-7】删除 enterprise 集合中的所有索引。

```
db.enterprise.dropIndexes()
```

返回结果如图 14-6 所示。

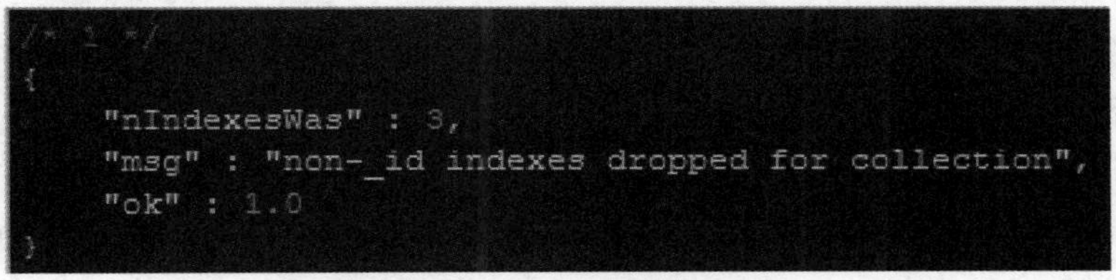

图 14-6　删除所有索引

再查一次 enterprise 集合上的索引：

```
db.enterprise.getIndexes()
```

返回结果如下：

```
/* 1 */
[
    {
        "v":2,
        "key":{
            "_id":1
        },
        "name":"_id_",
        "ns":"nev.enterprise"
    }
]
```

实际上，是不能删除 _id 上索引的。

任务 14.2　优　　化

任务描述

不管何种类型的数据库，在业务数据不断增加的情况下，系统性能、运行速度都会受到影响，解决这些问题需要对数据库系统进行优化处理。

技术要点

常用优化方式包括开启慢命令监测和 explain() 分析两种。

（1）开启慢命令监测

MongoDB 数据库相关的运行命令非常多，挨个检测哪些命令执行速度慢是不现实的。db.setProfilingLevel 具有自动记录有问题的命令功能，可以通过 b.system.profile.find 显示问题命令问题清单。

```
db. setProfilingLevel(level,slowms)
```

参数说明：

● level：慢命令分析级别。0 表示不执行该命令；1 表示记录慢命令，当指定时间限制时，超过该时间限制范围的执行命令都记入 system.profile 文件中；2 表示记录所有执行命令的情况。

● slowms：可选，指定时间限制范围，默认为 100 ms，超过该数值的就认为是慢命令。

执行该命令的用法示例如下：

```
db. setProfilingLevel(1)
db. setProfilingLevel(1,200)
```

● 第一条命令表示开启慢命令记录模式，超过 100 ms 的执行命令都记录为慢命令。

● 第二条命令表示开启慢命令记录模式，超过 200 ms 的执行命令都记录为慢命令。

如果没有慢命令，可以使用 db.setProfilingLevel(2) 方式测试记录内容，执行如下命令：

```
db.setProfilingLevel(2)
db.stats()
db.system.profile.find().pretty()
```

返回结果如下：

```
{
    "op":"command",
    "ns":"NEV-data",
    "command":{
        "dbstats":1.0,
        "scale":undefined
    },
    "numYield":0,
    "locks":{
        "Global":{
            "acquireCount":{
                "r":NumberLong(2)
            }
        },
        "Database":{
```

```
            "acquireCount":{
                "R":NumberLong(1)
            }
        }
    },
    "responseLength":187,
    "protocol":"op_command",
    "millis":1,
    "ts":ISODate("2019-07-27T06:53:08.966Z"),
    "client":"222.92.197.235",
    "appName":"MongoDB Shell",
    "allUsers":[],
    "user":""
}
```

参数说明：

- op：记录的命令。

- ns：数据库名称。

- millis：命令执行的时间。

（2）explain() 分析

explain() 可以对 find()、aggregate()、count()、group() 等命令执行结果分析，为用户提供可靠性性能的判断依据。

语法规则如下：

```
db.collection.command().explain(modes)
```

参数说明：

① db：当前数据库。

② collection：集合名称。

③ command()：find()、aggregate() 等命令。

④ modes 参数如下：

- queryPlanner：默认模式，通过查询优化器对当前的查询进行评估，选择其中一个最优的查询计划，返回查询评估相关信息。

- executionStats：查询优化器对当前的查询进行评估并选择一个最佳的查询计划，在执行完毕后返回相关统计信息，该模式不会为被拒绝的计划提供查询执行统计信息。

- allPlansExecution：结合前两种模式，返回统计数据，描述获胜执行计划的执行情况以及在计划选择期间捕获的其他候选计划的统计数据。

执行如下命令：

```
db.log.find().explain("executionStats")
```

返回结果如下：

```
{
    "queryPlanner":{
        "plannerVersion":1,
        "namespace":"NEV-data.log",
```

```
        "indexFilterSet":false,
        "parsedQuery":{},
        "winningPlan":{
            "stage":"EOF"
        },
        "rejectedPlans":[]
    },
    "executionStats":{
        "executionSuccess":true,
        "nReturned":0,
        "executionTimeMillis":7,
        "totalKeysExamined":0,
        "totalDocsExamined":0,
        "executionStages":{
            "stage":"EOF",
            "nReturned":0,
            "executionTimeMillisEstimate":0,
            "works":1,
            "advanced":0,
            "needTime":0,
            "needYield":0,
            "saveState":0,
            "restoreState":0,
            "isEOF":1,
            "invalidates":0
        }
    },
    "serverInfo":{
        "host":"iZuf6b7o9hu1q97s6isvkgZ",
        "port":27017,
        "version":"3.4.18",
        "gitVersion":"4410706bef6463369ea2f42399e9843903b31923"
    },
    "ok":1.0
}
```

参数说明：

- winningPlan：最佳的计划阶段。
- serverInfo：服务器相关信息。

任务实施

【例14-8】分析pacvehicleinfo集合的查询情况。

```
db.getCollection('pacvehicleinfo').find({}).explain()
```

返回结果如下：

```
{
    "queryPlanner":{
        "plannerVersion":1,
        "namespace":"nev.pacvehicleinfo",
        "indexFilterSet":false,
```

```
        "parsedQuery":{},
        "winningPlan":{
            "stage":"COLLSCAN",
            "direction":"forward"
        },
        "rejectedPlans":[]
    },
    "serverInfo":{
        "host":"WIN7U-20170613N",
        "port":27017,
        "version":"3.4.11-3-g45749d3",
        "gitVersion":"45749d3f89b318b55936514b4a34715920e7a93d"
    },
    "ok":1.0
}
```

单元小结

　　索引是特殊的数据结构。索引存储在一个易于遍历读取的数据集合中，是对数据库表中一列或多列的值进行排序的一种结构。在实际应用中，并不是索引越多越好，频繁修改的字段一般不建立索引；建立索引的字段，索引基数也不宜过大，在满足业务要求的情况下，集合中的索引数量越少越好。

课后习题

操作题

1. 为企业集合中的企业名称 enterpriseName 建立唯一索引。
2. 为驱动电机集合中的转速 wMotor_Speed 和扭矩 wMotor_Torque 建立多字段索引。
3. 删除企业集合中的企业名称上的唯一索引。
4. 对常用的集合使用 explain() 分析。

参 考 文 献

[1] 王珊，萨师煊. 数据库系统概论 [M]. 4 版. 北京：高等教育出版社，2006.

[2] 武洪萍，马桂婷. MySQL 数据库原理及应用 [M]. 北京：人民邮电出版社，2014.

[3] 王跃胜，黄龙泉. MySQL 数据库技术应用教程 [M]. 北京：电子工业出版社，2014.

[4] 肖睿，程宁，田崇峰. MySQL 数据库应用技术及实战 [M]. 北京：人民邮电出版社，2018.

[5] 任进军，林海霞. MySQL 数据库管理与开发 [M]. 北京：人民邮电出版社，2017.

[6] 聚慕课教育研发中心. MySQL 从入门到项目实战 [M]. 北京：清华大学出版社，2018.

[7] 国家 863 中部软件孵化器. MySQL 从入门到精通 [M]. 北京：清华大学出版社，2016.

[8] 唐汉明，翟振兴，关宝军，等. 深入浅出 MySQL 数据库开发、优化与管理维护 [M]. 2 版. 北京：人民邮电出版社，2014.

[9] 陈晓勇. MySQL 修炼之道 [M]. 北京：机械工业出版社，2017.

[10] 班克，巴库姆，韦斯，等. MongoDB 实战（第 2 版）[M]. 徐雷，徐扬，译. 武汉：华中科技大学出版社，2017.

[11] 谢乾坤. 左手 MongoDB，右手 Redis[M]. 北京：电子工业出版社，2019.

[12] 刘瑜，刘胜松. NoSQL 数据库入门与实践（基于 MongoDB、Redis）[M]. 北京：中国水利水电出版社，2018.